APP UI
主题设计

周明明◎编著

清华大学出版社
北 京

内容简介

本书是一本关于使用Photoshop 2022设计制作APP UI的图书。

全书共分为9章，内容包括APP UI设计基础、Photoshop在APP UI设计中的基础应用、APP界面中常见元素设计、常见界面构图与设计、游戏类APP UI设计、音乐类APP UI设计、社交类APP UI设计、购物理财类APP UI设计、宠物类APP UI设计，从基础知识到完整界面的讲解，涵盖了各类热门APP UI的设计制作，使读者由浅入深、逐步地了解使用Photoshop制作APP UI的整体设计思路和制作过程。

本书不仅适合APP UI设计爱好者，以及准备从事APP UI设计的人员阅读；也适合Photoshop的使用者，包括平面设计师、网页设计师等相关人员参考使用；同时也可作为相关培训机构及学校的辅助教材。

图书在版编目(CIP)数据

APP UI主题设计/周明明编著. —北京：清华大学出版社，2022.6
ISBN 978-7-302-60933-9

Ⅰ. ①A… Ⅱ. ①周… Ⅲ. ①移动电话机—应用程序—程序设计 Ⅳ. ①TN929.53

中国版本图书馆CIP数据核字(2022)第088964号

责任编辑：韩宜波
装帧设计：杨玉兰
责任校对：周剑云
责任印制：曹婉颖

出版发行：清华大学出版社
　　　　网　　址：http://www.tup.com.cn, http://www.wqbook.com
　　　　地　　址：北京清华大学学研大厦A座　　　　邮　　编：100084
　　　　社 总 机：010-83470000　　　　　　　　　　邮　　购：010-62786544
　　　　投稿与读者服务：010-62776969, c-service@tup.tsinghua.edu.cn
　　　　质量反馈：010-62772015, zhiliang@tup.tsinghua.edu.cn
印 装 者：天津鑫丰华印务有限公司
经　　销：全国新华书店
开　　本：185mm×260mm　　**印　张**：18　　**字　数**：438千字
版　　次：2022年8月第1版　　　　　　**印　次**：2022年8月第1次印刷
定　　价：79.80元

产品编号：069006-01

前　言

F O R E W O R D

随着智能手机和各种移动终端设备的普及，人们已经习惯使用各种APP进行娱乐、办公与生活。目前，各种APP应用层出不穷，APP UI设计师也成为人才市场上十分紧俏的职业。

本书内容

本书共分为9章，主要内容介绍如下。

第1章：介绍有关APP UI设计的基础知识，包括APP的设计原则、APP界面的表现形式以及APP的设计流程。通过讲解不同系统APP的特点，帮助读者了解不同类型的APP。

第2章：介绍APP UI中各种基本图形的绘制方法，如简单形状、组合图形，另有经过布尔运算后得到的图形。通过为图形添加光影，可以创建立体效果、发光效果，使得图形更加逼真。

第3章：介绍APP UI控件的设计方法，如按钮、对话框、导航标签以及进度条、开关按钮、搜索栏、列表菜单。此外，对扁平化图标、线性图标、立体图标的绘制也有详细的介绍。

第4章：介绍APP UI构图的方法，包括九宫格构图、放射状构图、三角形构图等，界面设计包括启动界面／引导界面、登录界面、设置界面及空状态界面。

第5章：介绍游戏类APP界面的设计方法，内容涉及素材的收集、界面布局的规划以及确定风格和配色。一共介绍了四个界面的制作，包括欢迎页、闯关页、设置页以及道具购买页。

第6章：介绍音乐类APP界面的绘制，内容涉及设计工作的前期准备以及布局规划，以及三个界面的绘制方法，包括首页、个人主页、音乐播放页。

第7章：介绍社交类APP界面的绘制，与读者分享了素材准备与界面布局规划的相关内容，以及界面制作的方法，包括主页、聊天界面、个人主页。

第8章：介绍购物理财类APP界面的设计方法，内容包括前期准备工作与界面的绘制方法，以及三个界面的绘制，包括主界面、分类界面和详情界面。

第 9 章：介绍宠物类 APP 界面的绘制，内容包括设计准备与规划、界面制作、设计师心得。讲解了三个界面的绘制，包括首页、详情页和个人主页。

本书特色

1. 理论与实例结合，专业性强

本书将 APP UI 设计的相关理论与实例操作相结合，不仅能使读者学到专业知识，也能使读者在实例操作中掌握实际应用，从而全面掌握 APP 界面的设计方法。

2. 案例实用且丰富，实操性强

本书前四章为 APP 界面基础案例的讲解，包括 APP 界面中的常见元素与控件等，后五章为完整的 APP 界面案例讲解，涵盖了游戏、音乐、社交、购物理财和宠物等热门 APP 界面。书中案例的实操性强，讲解详细，可以帮助读者由浅入深地学习，最终掌握绘制方法。

3. 实操与心得结合，全面性强

本书在每章的结尾都添加了"设计师心得"模块，讲解 APP 界面设计中的行业知识，知识更全面，使得读者可以在练习制作案例之余，进一步了解同种类型 APP 界面的相关内容，拓宽眼界。

4. 视频与书本结合，轻松学习

本书配套资源包括书中所有案例的视频教学，能够帮助读者轻松掌握所学知识。读者对照书本去观看视频，能够更全面地了解操作方法，从而提升操作水平。

在本书的配套资源中，为读者提供了与实例相关的所有素材，包括图标、插图、背景图片以及最终的 PSD 效果文件。读者可以通过查看 PSD 效果文件，了解实例中详细的参数设置，有助于顺利地完成实例的制作。

素材、源文件 1　　素材、源文件 2　　　视频 1　　　　　视频 2　　　　　视频 3

本书由哈尔滨师范大学美术学院的周明明编著。由于作者水平有限，书中疏漏之处在所难免，敬请读者批评指正。

编　者

目　录

CONTENTS

目录

第 1 章
APP UI 设计基础

1.1 APP UI设计入门

本节将介绍 APP UI 的基础入门知识，帮助读者了解什么是 APP UI、APP UI 设计的原则与表现形式。

1.1.1 什么是 APP UI

UI 就是用户界面（User Interface），也称人机界面（如图 1-1 所示），是指用户和某些系统进行交互的方法的集合，这些系统不单单指电脑程序，还包括某种特定的机器、设备、复杂的工具等。换句话说，UI 设计就是对软件的人机交互、操作逻辑、界面美观的整体设计。好的 UI 设计不仅能让软件变得有个性、有品位，还能让软件的操作变得舒适、简单、自由，充分体现软件的定位和特点。UI 设计的好坏会影响一款 APP 产品的成败。

APP 是智能手机的第三方应用程序、移动应用服务，就是针对手机、平板电脑等移动设备连接到互联网的业务或者无线网络业务而开发的应用程序、服务。简单地说，就是手机或无线工具的应用服务。

▲ 图 1-1　APP UI

1.1.2 APP UI 设计的原则

为了使用户获得更好的视觉体验和操作体验，在设计 APP 界面的过程中需要遵循一定的原则。

1. 视觉一致性

视觉一致性是 APP 界面设计最重要的原则。在设计界面元素时，把握外形、颜色、质感的统一，才能使整个界面形成统一的风格，如图 1-2 所示。

2. 简易性

简易性是指界面的设计简洁、直观易用。软件就是为了方便普通用户而设计开发的，所以在设计的时候要充分考虑到软件的简单性、操作简易性和实用性，这样才会吸引更多的用户

使用。界面中华而不实的修饰物、元素等会削弱程序本身的功能，也不便于用户使用。iOS
系统中的界面设计严格遵循了简约、直观的设计原则，如图1-3所示。

▲ 图1-2　视觉一致性

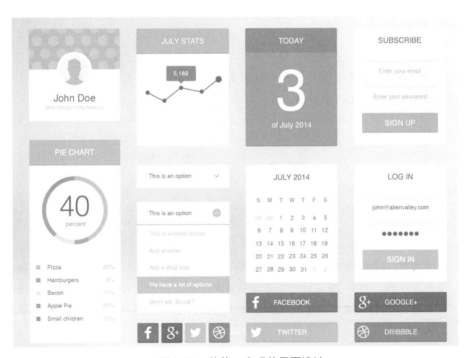

▲ 图1-3　简约、直观的界面设计

3. 用户导向

在设计手机软件界面时，设计师要明确软件的使用者是谁，要站在用户的立场和角度
来考虑设计软件。

手机APP软件如今已成为企业宣传产品和企业文化理念的手段，因此，就需要设计师
做好软件的UI设计来吸引大量用户使用。

4．遵循用户习惯

根据用户的使用习惯、操作习惯来设计。比如，用户对某个操作进行确认时，按钮上会显示"确定"或"确认"等文字，以提示用户进行操作。按钮上的文字和菜单上的信息都要注意这个标准，当不知道如何设定时，可以借鉴其他优秀程序的界面。

应用程序中的控件可以实现开启／关闭等功能，这些控件的位置也会影响用户的操作体验，操作起来是否顺手、方便是检测 UI 设计是否遵循用户操作习惯的标准。用户使用手机的习惯有以下三种。

- 单手持握操作：49% 的用户习惯单手持手机，这也是主流的持机方式，如图 1-4 所示。有 67% 的人习惯用右手拇指操作，33% 的用户则是用左手拇指进行操作。尽管屏幕尺寸在不断变化，但人们依然习惯用拇指操作。

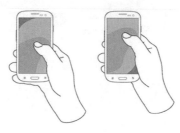

▲ 图 1-4　单手持握操作

- 一只手持握，另一只手操作：除单手操作和双手同时操作之外，人们还会用一只手拿着手机，另一只手操作，这种情况占 36%。其中，用大拇指来操控的占 72%，用其他手指的占 28%。另外，有 79% 的人用左手拿手机，而 21% 的人用右手拿手机。如图 1-5 所示为一只手持握，另一只手操作示意图。

▲ 图 1-5　一只手持握，另一只手操作

- 双手操作：这种情况占 15%，双手操作的用户中，有 90% 的使用者在双手操作时是竖着拿手机，只有 10% 的使用者是横着拿手机。另外，即使是双手操作，使用者也会只用一根手指操作，可能是左、右手的大拇指或是其他手指。如图 1-6 所示为双手操作示意图。

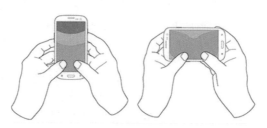

▲ 图 1-6　双手操作

在掌握了用户使用手机的操作习惯后，将重要的操作放在界面的两侧，便于用户进行单手操作，将次要操作放在界面的顶端，这样的设计更符合用户的操作习惯。

5. 操作人性化

用户根据自己的习惯设置界面就是操作人性化的表现。目前很多APP都支持用户设置界面的皮肤、风格等，这些人性化的功能可以让用户体验到程序的多样性和丰富度。

6. 色彩搭配原则

不同的颜色对人的感觉有不同的影响。例如，黄色可以让人联想到阳光，是一种温暖的颜色；黑色就显得比较庄重，所以设计软件时要根据软件主题和功能来做好色彩的搭配。

7. 视觉平衡原则

平衡的视觉效果才可以让用户舒服地使用软件，所以设计师不可忽视这一重要原则。要达到视觉平衡，需要按照用户的阅读习惯来设计，界面整齐，用户可以流畅阅读内容。

8. 布局控制原则

有很多设计师不重视界面的排版布局，设计得过于死板，或者直接模仿别人的软件排版，把大量信息堆集在页面上，导致布局凌乱、阅读困难，这都是不可取的。

1.1.3 APP UI 的表现形式

下面介绍常见 APP UI 表现形式。

1. 简洁与留白

简洁界面更适于深度阅读，互联网是信息爆炸的时代，应用更强调以内容为主。这样的表现形式更能体现产品的文化气韵和精致高雅的品质，如图 1-7 所示。扁平化就是界面简洁的表现之一。

▲ 图 1-7 简洁与留白

巧妙运用留白能提升 APP 的易读性与体验感，这种设计方式主要运用在以下产品中。

- 以文字内容为主的产品，如新闻、书籍、杂志等。
- 富有浓厚文化气息的产品。
- 高端、有科技感的产品，Web 端产品。

2．单色调与多彩色的运用

众所周知，色彩设计是设计的一部分。不同的色彩能给人带来不同的感觉。色彩可以营造氛围，能够极大地影响 APP 的整体效果。另外，颜色可以用来树立 APP 的个性，比如友好、有趣或优雅。

❑ 单色调

最新发布的 iOS15 中，出现越来越多单一主色调风格的界面设计，采用简单的色阶，配合灰阶来展现信息层次。仅仅用一个主色调，也能够很好地表达界面层次、重要信息，并且能展现良好的视觉效果，如图 1-8 所示。

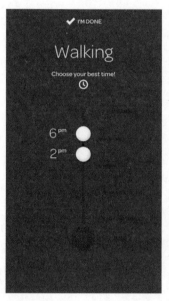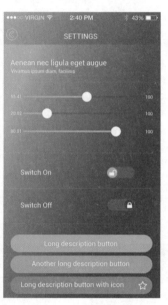

▲ 图 1-8 单色调

❑ 多色彩

与单一主色调形成对比的，就是多彩色风格。它的不同页面、不同信息组块采用撞色多彩色的方式来设计，如图 1-9 所示。甚至同一个界面的局部都可以采用多彩撞色，如图 1-10 所示。但是对于一些内容型的 APP，这种风格并不适用。

3．信息数据可视化

至于对信息的呈现，越来越多的 APP 开始尝试数据可视化、信息图表化，让界面上不仅仅是列表，还有更多直观的饼图、扇形图、折线型、柱状图等丰富的表达方式，如图 1-11 所示。

4．运用图片营造气氛

不仅仅是游戏强调沉浸式体验，应用类 APP 也同样强调沉浸式的体验。例如，酒店、餐厅、旅游、天气这一类的 APP 试图通过图片营造一种精致优雅且身临其境的感觉，如图 1-12 所示。

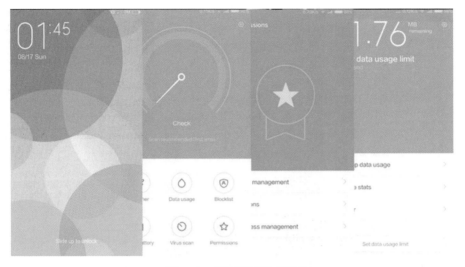

▲ 图 1-9　不同页面的多彩色

▲ 图 1-10　同一界面的多彩色

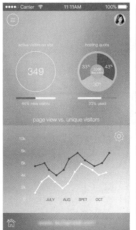

▲ 图 1-11　信息可视化

▲ 图 1-12　运用图片营造气氛

　　用通栏的图片作为整个 APP 的背景，既加大了视觉表现力度，又丰富了 APP 情感化元素。将信息或操作浮动在图片上，这种设计方法，对字体和排版设计要求更高，难度也更大，但极容易渲染出氛围，如图 1-13 所示。

　　5.　圆形的妙用

　　圆形是最容易让人感觉舒服的形状，尤其是在充满各种方框的手机屏幕上，添加一些圆润的形状点缀，立刻就会增加活泼的气息，如图 1-14 所示。当然，应用圆形后也要处理圆形的实际点触区域，不能因为设计成圆形后点击区域也变小了，导致点击准确率下降。

▲ 图 1-13　大图作为 APP 背景

▲ 图 1-14　界面中的圆形

1.1.4　APP UI 设计流程

任何设计都需要按流程来进行，APP UI 设计也不例外。

1. 产品定位

根据产品的功能，分析不同场景下的网络环境、光线和使用条件等，针对共性因素和特定因素，提供相应的功能和界面设计。

考虑用户的系统体验，用户在使用其他同类 APP 软件时，积累了大量的使用经验，并且自觉地养成了一定的使用习惯，因此，用户的习惯十分重要。

2. 风格定位

产品定位直接影响着产品的风格。风格有很多种，例如，扁平化或者立体化，卡通的或者清新的，如图 1-15 所示。

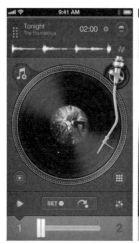

▲ 图 1-15　不同的产品风格

3．产品控件设计

对产品界面中的菜单、按钮、功能图标等控件进行设计，对选用何种控件进行分析研究，如图 1-16 所示。

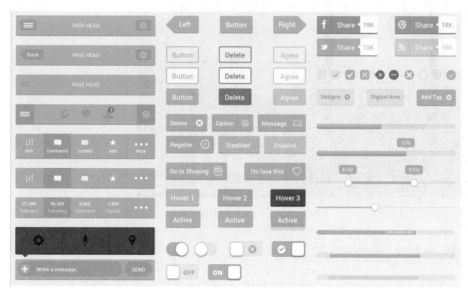

▲ 图 1-16　产品控件

4．界面整体视觉优化

完成原型后对整体进行视觉设计，对界面的文字、配色、布局、图标大小等，统一规范，整体对齐，对相对位置等间距进行细节调整，优化统一；查看交互细节是否符合用户操作习惯。

5．应用图标设计

应用图标是 APP 的入口，与 APP 界面中的功能图标不同。将应用图标设计放在最后可以避免因修改 APP 界面导致的应用图标的修改，也能使应用图标和 APP 界面风格统一。为了不同界面和网页推广的使用，应用图标必须保证可以输出为多种尺寸，并且在小尺寸时也能清晰辨别图标中的信息，如图 1-17 所示。

492 像素 ×512 像素　　　　246 像素 ×256 像素　　　123 像素 ×128 像素

▲ 图 1-17　不同尺寸的应用图标

6. 其他页面设计

设计其他二级页面，添加图标等控件到界面中，完成整套 APP 设计。

7. 切片与输出

对图片进行切片、输出，即完成了一个 APP UI 的设计。

1.2 不同系统的APP UI

当前主流的三大操作系统为 iOS、Android、Windows Phone 系统。这三大系统不论是交互体验，还是界面设计风格都有着很大的区别。

1.2.1 iOS 系统

苹果 iOS 系统自 7.0 版本开始，就使用了扁平化的设计风格，无论是 APP 图标还是界面按钮，都是简约风格。iOS 系统一贯追求简约、大方的设计和人性化的操作。如图 1-18 所示为 iOS 系统的界面展示效果。

▲ 图 1-18 iOS 系统的界面展示效果

1.2.2 Android 系统

Android 系统的界面设计一直都是开放式的，它的图标、界面控件都较为真实、拟物化。相比 iOS 系统而言，Android 系统的界面显得更炫，界面元素拥有更多的特效。如图 1-19 所示为 Android 系统的界面展示效果。另外，Android 系统也在向着扁平化方向发展。

▲ 图 1-19　Android 系统的界面展示效果

1.2.3　WP 系统

WP 系统全称为 Windows Phone。WP 8.1 的桌面以动态磁贴的形式呈现，一个磁贴代表一个应用程序，并支持磁贴尺寸的改变。该系统有一个独有的设计，可以使用全景视图展示一个完整的程序界面。WP 系统使用的扁平化风格，更偏向于单色块的设计。界面中的元素都进行了简单化处理。如图 1-20 所示为 WP 系统的界面展示效果。

▲ 图 1-20　WP 系统的界面展示效果

1.3　APP设计基础

APP 设计中界面元素的尺寸、图片格式、配色等内容是学习 APP UI 设计必须掌握的基础知识。

1.3.1 APP UI 中的图片格式

下面介绍 APP UI 中的图片格式。

1. JPEG

JPEG 是一种广泛使用的压缩图像格式，是互联网上最常见的图像存储和传送格式。JPEG 格式非常适合应用在允许轻微失真的像素色彩丰富的图片场合，但不适合用于所含颜色很少、具有大块颜色相近的区域或亮度差异十分明显的较简单的图片。APP UI 中的线条、文字或图标不适合使用 JPEG 格式，因为它的压缩方式对这几种图片损坏严重。

2. GIF

GIF 格式分为静态 GIF 格式和动态 GIF 格式两种，扩展名为 .gif，是一种压缩位图格式，支持透明背景图像，适用于多种操作系统。GIF 格式的文件"体型"很小，网上很多小动画都是 GIF 格式。但 GIF 只能显示 256 色。和 JPEG 格式一样，GIF 是一种在网络上非常流行的图形文件格式。

由于 8 位颜色深度的限制，GIF 不适合应用于色彩过于丰富的照片存储。但它却非常适合应用于 Logo、小图标、按钮等需要少量颜色的图像。

3. PNG

PNG 格式的设计目的是试图替代 GIF 和 TIFF 文件格式，同时增加一些 GIF 文件格式所不具备的特性。PNG 格式也是一种无损压缩格式，但与 GIF 格式不同的是，PNG 同时支持 8 位和 24 位的图像。8 位 PNG 图片的用途与 GIF 格式图片基本相同。

1.3.2 设计尺寸规范

不同的系统、手机型号，界面尺寸也不同，设计者在设计前需要了解不同的界面尺寸，才能在设计中根据需要来选择相应的尺寸。

1. iPhone 的界面尺寸

iPhone 的 APP 界面一般由状态栏、导航栏、主菜单栏和中间的内容区域组成，如图 1-21 所示。

❑ **界面尺寸**

- 状态栏：显示运营商、信号和电量的区域。
- 导航栏：显示当前页面名称，包含"返回"等功能按钮。
- 主菜单栏：显示在页面下方的区域，一般作为分类内容的快递导航。

具体的尺寸参数如表 1-1 所示。

❑ **字体大小**

iPhone 上的英文字体为 HelveticaNeue，中文一般是冬青黑体或者黑体 - 简。有关文字的大小根据不同类型的 APP 都有不同的定义，表 1-2 所示为百度用户体验部提供的统计资料。另外，我们也可以把觉得好的应用截图放到 Photoshop 中对比，从而调整自己设计的文字大小。

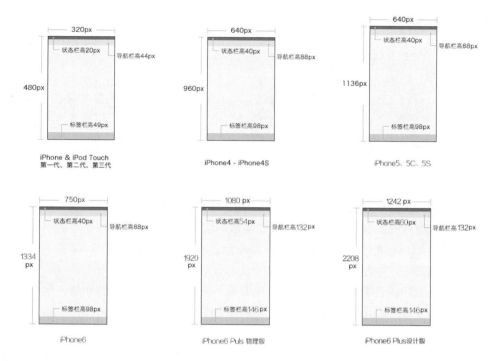

▲ 图1-21　界面组成

表1-1　iPhone 的界面尺寸

设　备	分　辨　率	PPI （像素密度）	状态栏 高度	导航栏 高度	标签栏 高度
iPhone6 plus 设计版	1242 px × 2208 px	401PPI	60px	132px	146px
iPhone6 plus 放大版	1125 px × 2001 px	401PPI	54px	132px	147px
iPhone6 plus 物理版	1080 px × 1920 px	401PPI	54px	132px	146px
iPhone6	750 px × 1334 px	326PPI	40px	88px	98px
iPhone5、5C、5S	640 px × 1136 px	326PPI	40px	88px	98px
iPhone4、4S	640 px × 960 px	326PPI	40px	88px	98px
iPhone & iPod Touch 第一代、第二代、第三代	320 px × 480 px	163PPI	20px	44px	49px

2. iPhone 图标尺寸

iPhone 平台中的图标尺寸如表 1-3 所示。

表 1-2　字体大小

iOS		可接受下限 （80% 用户可接受）	最小值 （50% 以上用户认为偏小）	舒适值 （用户认为最舒适）
	长文本	26px	30 px	32 ～ 34 px
	短文本	28 px	30 px	32 px
	注释	24 px	24 px	28 px

表 1-3　iPhone 平台图标尺寸

设　备	APP Store	程序应用	主屏幕	Spotlight 搜索	标签栏	工具栏和 导航栏
iPhone6 Plus(@3 ×)	1024 px × 1024 px	180 px × 180 px	114 px × 114 px	87 px × 87 px	75 px × 75 px	66 px × 66 px
iPhone6(@2 ×)	1024 px × 1024 px	120 px × 120 px	114 px × 114 px	58 px × 58 px	75 px × 75 px	44 px × 44 px
iPhone5、5C、5S(@2 ×)	1024 px × 1024 px	120 px × 120 px	114 px × 114 px	58 px × 58 px	75 px × 75 px	44 px × 44 px
iPhone4、4S(@2 ×)	1024 px × 1024 px	120 px × 120 px	114 px × 114 px	58 px × 58 px	75 px × 75 px	44 px × 44 px
iPhone & iPod Touch 第一代、第二代、第三代	1024 px × 1024 px	120 px × 120 px	57 px × 57 px	29 px × 29 px	38 px × 38 px	30 px × 30 px

3. iPad 的设计尺寸

iPad 的尺寸如图 1-4 所示。

表 1-4　iPad 的设计尺寸

设　备	尺　寸	分辨率	状态栏高度	导航栏高度	标签栏高度
iPad 3、4、5、6、 Air、Air2、mini2	2048 px × 1536 px	264PPI	40px	88px	98px
iPad 第 1 代、第 2 代	1024 px × 768 px	132PPI	20px	44px	49px
iPad Mini	1024 px × 768 px	163PPI	20px	44px	49px

4. iPad 图标尺寸

iPad 图标尺寸如表 1-5 所示。

5. Android 尺寸与分辨率

这里介绍一些主流的设计尺寸，如 480px×800px、720px×1280px。众所周知，安卓手机的分辨率越来越高，所以建议使用 720px×1280px 这个尺寸来设计。

表 1-5　iPad 设备的图标尺寸

设　备	APP Store	程序应用	主屏幕	Spotlight 搜索	标签栏	工具栏和导航栏
iPad 3、4、5、6、Air、Air2、mini2	1024 px × 1024 px	180 px × 180px	144 px × 144px	100 px × 100 px	50 px × 50 px	44 px × 44 px
iPad 第 1 代、第 2 代	1024 px × 1024 px	90 px × 90 px	72 px × 72 px	50 px × 50 px	25 px × 25 px	22 px × 22 px
iPad Mini	1024 px × 1024 px	90 px × 90 px	72 px × 72 px	50 px × 50 px	25 px × 25 px	22 px × 22 px

❑ 界面基本组成元素

与 iOS 手机一样，还是有状态栏、导航栏和主菜单栏，以 720px×1280px 的尺寸来设计，那么状态栏的高度应为 50px，导航栏的高度为 96px，主菜单栏的高度为 96px。由于 Android 是开源的系统，很多厂商也在界面上有所调整，因此这里的数值也只能作为参考。

Android 手机为了区别于 iOS 手机，从 4.0 开始提出了一套 HOLO 的 UI 设计风格，将底部的主菜单栏放到导航栏下面，避免误操作，很多 APP 的升级版中也采用了这一风格。

❑ Android SDK 模拟机的尺寸

Android SDK 模拟机的尺寸如表 1-6 所示。

表 1-6　Android SDK 模拟机的尺寸

屏幕大小	低密度（120）	中等密度（160）	高密度（240）	超高密度（320）
小屏幕	QVGA（240×320）		480×640	
普通屏幕	WQVGA400（240×400）WQVGA432（240×432）	HVGA（320×480）	WVGA800（480×800）WVGA854（480×854）600×1024	640×960
大屏幕	WVGA800*（480×800）WVGA854（480×854）	WVGA800 *（480×800）WVGA854 *（480×854）600×1024		
超大屏幕	1024×600	1024×768 1280×768WXGA（1280×800）	1536×1152 1920×1152 1920×1200	2048×1536 2560×1600

❑ Android 系统 dp/sp/px 换算表

Android 系统 dp/sp/px 换算表如表 1-7 所示。

6. Android 系统中常见的图标尺寸

图标所在的位置不同，尺寸也不同，Android 平台 APP 图标的常用尺寸如表 1-8 所示。

表 1-7　Android 系统 dp/sp/px 换算表

名　称	分 辨 率	比　率 （针对 320px）	比　率 （针对 640px）	比　率 （针对 750px）
idpi	240 px × 320 px	0.75	0.375	0.32
mdpi	320 px × 480 px	1	0.5	0.4267
hdpi	480 px × 800 px	1.5	0.75	0.64
xhdpi	720 px × 1280 px	2.25	1.125	1.042
xxhdpi	1080 px × 1920 px	3.375	1.6875	1.5

表 1-8　Android 平台 APP 图标的常用尺寸

屏幕大小	启动图标	操作栏图标	上下文图标	系统通知图标（白色）	最细笔画
320 px × 480 px	48 px × 48 px	32 px × 32 px	16 px × 16 px	24 px × 24 px	不小于 2 px
480 px × 800px 480 px × 854px 540 px × 960px	72 px × 72 px	48 px × 48 px	24 px × 24 px	36 px × 36 px	不小于 3 px
720 px × 1280px	48 px × 48 px	32 px × 32 px	16 px × 16 px	24 px × 24 px	不小于 2 px
1080 px × 1920px	144 px × 144px	96 px × 96 px	48 px × 48 px	72 px × 72 px	不小于 6 px

1.3.3　配色原理

配色是设计中永恒的话题。在手机 APP 界面设计中，色彩是很重要的一个设计元素。合理的色彩搭配能够制作出震撼的视觉效果，设计出吸引人的焦点。

1. APP 中的三色构成

APP 色彩搭配方案由主色、辅助色和点缀色构成。

- 主色：主色约占 75%，是决定画面风格趋向的色彩。主色并不一定只能有一个颜色，它可以是一种色调，一般为同色系或 1 ～ 3 个邻近色，如图 1-22 所示。
- 辅助色：辅助色约占 20%，用来辅助主色，使画面更完美、更丰富、更显优势，如图 1-23 所示的白色、灰色为辅助色。
- 点缀色：点缀色约占 5%，起到引导阅读，装饰画面，营造独特画面风格的作用。如图 1-24 所示，图 1 中蓝色、黄色和绿色为点睛色，图 2、图 3 中的红色为点缀色。

2. APP 色彩运用原理

手机 APP 界面要给人简洁整齐，条理清晰感，依靠的是界面元素的排版和间距设计，以及色彩的合理搭配，如图 1-25 所示。

APP 色彩运用原则如下。

- 色调的统一：针对软件类型以及用户工作环境选择恰当色调，比如绿色体现环保，紫色代表浪漫，蓝色表现时尚，等等。淡色系让人舒适，而暗色背景不容易让人疲劳。
- 色盲、色弱用户：进行设计的时候，不要忽视色盲、色弱群体。所以在界面设计的时候，即使使用了特殊颜色表示重点或者特别的东西，也应该使用特殊指示符、着重号以及图标等。

- 颜色方案的测试：颜色方案的测试是必需的，因为显示器、显卡的问题，色彩的表现在每台机器中都不一样，所以应该经过严格测试，通过不同机器进行颜色测试。
- 遵循对比原则：对比原则很简单，就是浅色背景上使用深色文字，深色背景上使用浅色文字。比如，蓝色文字在白色背景中容易识别，而在红色背景中则不易分辨，原因是红色和蓝色没有足够的反差，但蓝色和白色的反差很大。除非特殊场合，一般不使用对比强烈、让人产生憎恶感的颜色。
- 色彩类别的控制：整个界面的色彩尽量少使用类别不同的颜色，以免让人眼花缭乱，使整个界面出现杂乱感。

▲ 图 1-22　主色 APP 界面效果

▲ 图 1-23　辅助色 APP 界面效果

▲ 图 1-24　点缀色 APP 界面效果

▲ 图 1-25　色彩的搭配

1.4　设计师心得

1.4.1　APP UI 设计师必须掌握的技能

要想成为 APP UI 设计师，必须掌握以下基本技能。

1. 熟练操作绘图软件

对设计绘图软件的熟练操作是制作一款优秀 APP 的前提，这类软件有很多，其中最常用的为 Photoshop 和 Illustrator，本书选择的是 Photoshop 2022。

2．了解移动端的界面模式

三大移动平台之间有着相似之处，但是在深入探究它们的交互设计后，会发现它们在理念上有巨大差异。作为一个设计师，需要明白这些差异所在，以及它们是如何体现在实际案例中的。

3．审美能力

对界面的视觉设计、色彩的观察和分析、文字的选择、整体界面的统一等都是设计师必须有的基本审美能力。

4．理解能力和手绘能力

设计师应该具备理解能力和手绘能力，能快速地看懂产品需求文档，以及在设计前期的手绘草图能力。

1.4.2　APP UI 的发展趋势

随着智能设备的不断发展，APP UI 也在不断变化，总结一些可以预见的设计趋势对于 APP 的产品设计师具有非同寻常的意义。

1．更大的屏幕

用户在选择智能手机或平板电脑时，更加青睐尺寸较大的屏幕，如图 1-26 所示。大尺寸的屏幕可以为用户提供更加舒适的浏览体验，特别是网络应用日益发达的今天。

▲ 图 1-26　更大的屏幕

2．拟物化的回归

从微软到苹果、谷歌，在去拟物化的方向上越走越远，拟物化设计似乎已经成为过时的代名词。但是扁平化自从开始就引入许多拟物化的元素，使得现在两者的差别不再那么明显，如图 1-27 所示。在未来，我们会在更多的地方看到拟物化的设计，无论是从未过时的复古风，还是移动端 APP 设计中对于细节、质感需求开始再度旺盛，拟物化确实正在适度地、适时地逐步回归。

3．更简单的配色

简约美是近年来最流行的设计思路，而更简单的配色方案也贴合这一思路。随着 iOS

新系统流行起来的霓虹色的影响力已经淡化，现在的用户更加喜欢微妙而富有质感的用色，整洁和干净正在压倒华丽而浮夸的配色趋势。

▲ 图 1-27　扁平化加入拟物化元素

4．大胆而醒目的字体运用

每个 APP 都在试图争夺用户的注意力，而大胆且醒目的字体运用满足这一需求。在当前的市场状况下，大屏幕手机和平板是主流，这一点是非常重要的使用背景。大字体在移动端 APP 上呈现，会赋予界面以层次，提高特定元素的视觉重量，让用户难以忘怀。字体够大、够优雅、够独特、够贴合，也能提升页面的气质、特色，而这正是移动端 APP 设计的另外一个重要的机会。

5．交互设计的崛起

移动端 APP 重视用户需求的另外一个表现就是对于交互设计的重视。越来越多的用户开始重视产品本身的交互设计，所以作为设计师和开发者，自然有义务提供更优秀的交互设计，更强大的视觉设计，更富有创造性的架构。

6．社交媒体的加成

当今世界，社交媒体和 APP 的整合正在持续不断地推进着，如图 1-28 所示登录界面中以微信、微博等方式登录就是很好的体现。

▲ 图 1-28　社交媒体的加成

7.隐藏的菜单

手机屏幕虽然越变越大，但其提供的工作空间还是比台式机和笔记本电脑少。一种解决方案就是将功能隐藏，直到它被需要的时候再显示。隐藏导航，滑动时才显示各功能的按钮或组件。所有的趋势，只为了一个目的——保持屏幕洁净。

8.游戏性和个性

我们注意到，应用程序越来越好玩，例如，搞笑的对话框，更新通知的小彩蛋等。设计师们用明亮的色彩、弹性的面板和诙谐的文本，使得界面的游戏性与个性增强。

9.用户界面的情景感知

情景感知是让 APP 识别用户正在使用的 APP 的场合和状况，并且基于这些信息给用户提供帮助。拥有情景感知功能的 APP 能够根据当前的背景信息，诸如用户的位置、身份、活动和时间来识别当前的状况，并给予合理的反馈。当你在午饭时间打开一个地图类的服务时，你无须搜索，它就会给你提供当前的位置信息和周边的饮食类服务。随着 APP 设计和市场需求的发展，情景感知会成为一个持续且逐步繁荣的发展方向。

10.简单的导航模式

清晰的排版、干净的界面、赏心悦目的 APP 设计是目前用户最喜欢也是最期待的。相比于华丽和花哨的菜单设计，简单的下拉菜单和侧边栏会更符合趋势。

其实这并不是没有道理的。设计复杂的 APP 越来越多，用户对于新的 APP 的学习成本也日趋提高，简单的导航设计的直观与便捷可以让用户更容易找到他们需要的东西。所以简单的导航模式更加平稳、流畅、轻松、友好。

11.使用模糊背景

模糊背景符合时下流行的扁平化和现代风的设计，它足够赏心悦目，可以很好地与时下流行的元素搭配，提升用户体验。从设计的角度上来看，它不仅易于实现，帮助设计师规避复杂的设计元素，也可以降低设计成本。如图 1-29 所示为模糊背景的 APP 界面。

▲ 图 1-29 模糊背景

第2章

Photoshop 在 APP UI
设计中的基础应用

在进行 APP UI 设计制作时，首先需要选择一款合适的绘图软件，比较常用的软件是 Photoshop、Illustrator，本书选择的是 Photoshop 2022。下面介绍 Photoshop 在 APP UI 设计中的基础应用，如图 2-1 所示为本章案例效果展示。

▲ 图 2-1　效果展示

2.1　APP UI中的基本图形绘制

在制作移动 UI 时，必须选择一款合适的绘图软件，本书选择的是 Photoshop 2022。在 Photoshop 中，"矩形工具""椭圆工具""直线工具"等是最基本的绘图工具，也是 APP UI 设计中的常用工具。

2.1.1　简单图形

简单图形是指常见的圆形、矩形、圆角矩形等。简单图形常见于图标、按钮等 APP 界面小控件。

1．椭圆

在绘制 APP 界面的过程中，经常会使用"椭圆工具"绘制按钮、图标等，如图 2-2 所示。

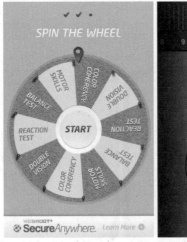

▲ 图 2-2　椭圆元素

❑ **设计思路**

在 APP UI 设计中,"椭圆工具"是 Photoshop 中最常用的工具之一,一般使用"椭圆工具"绘制圆形元素。本节是使用"椭圆工具"绘制简易的圆形图标,如图 2-3 所示为制作流程。

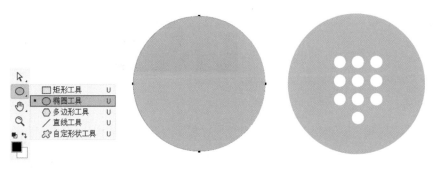

▲ 图 2-3　制作流程

❑ **制作步骤**

❶ 启动 Photoshop 软件,按 Ctrl+N 组合键打开"新建文档"对话框,设置参数,如图 2-4 所示,单击"创建"按钮新建文档。

❷ 在工具箱中选择"椭圆工具",如图 2-5 所示。

▲ 图 2-4　设置参数　　　　　　▲ 图 2-5　选择"椭圆工具"

❸ 在属性栏中单击"填充"颜色色块,在打开的面板中单击"拾色器"图标,如图2-6所示。

❹ 在弹出的对话框中选择一种颜色,如图 2-7 所示,单击"确定"按钮关闭对话框。

❺ 在属性栏中设置宽、高参数均为 350 像素,如图 2-8 所示。

❻ 在画布上单击并拖动鼠标绘制圆,如图 2-9 所示。

❼ 再次使用"椭圆工具" ◯ 绘制圆,修改填充颜色为白色(#ffffff),复制多个圆并进行排列,效果如图 2-10 所示。

▲ 图 2-6　单击"拾色器"图标

▲ 图 2-7　选择颜色

▲ 图 2-8　设置宽、高参数

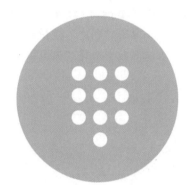

▲ 图 2-9　绘制圆

▲ 图 2-10　完成效果

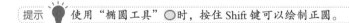

提示　💡 使用"椭圆工具" ◯ 时，按住 Shift 键可以绘制正圆。

提示　💡 选择对象，按 Ctrl+C 组合键复制，按 Ctrl+V 组合键可以在当前位置粘贴；或选择对象后，按住 Alt 键拖动，释放鼠标后即可快速复制该对象到新的位置；也可以直接按 Ctrl+J 组合键复制图层。

2. 矩形

使用"矩形工具"可以绘制正方形、矩形，一般 APP 整个界面外框就是矩形，而界面中用于分隔的对象也常用到矩形，如图 2-11 所示。

❑ 设计思路

使用"矩形工具"就能绘制矩形，矩形与其他图形的结合可以形成丰富的元素。本节主要使用"矩形工具"，并配合"椭圆工具"，绘制简易的相机图标，如图 2-12 所示为制作流程。

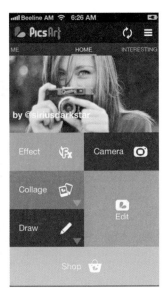

▲ 图 2-11　矩形元素

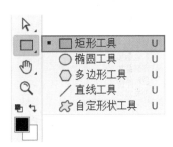

▲ 图 2-12　制作流程

□ **制作步骤**

❶ 新建文档，在工具箱中选择"矩形工具" ▢，如图 2-13 所示。

❷ 在画布中单击并拖动鼠标，将"圆角半径"设置为 0 像素，即可绘制一个矩形，如图 2-14 所示。

▲ 图 2-13　选择"矩形工具"　　　　　　　▲ 图 2-14　绘制矩形

❸ 双击"矩形 1"图层，在打开的对话框中选中"投影"复选框，并设置参数，如

图 2-15 所示。

❹ 单击"确定"按钮。选择"矩形工具" ▢ ，绘制灰色矩形，如图 2-16 所示。

▲ 图 2-15　设置"投影"参数

▲ 图 2-16　绘制矩形

> 提示　也可以在"图层"面板底部单击"添加图层样式"按钮，在展开的列表中选择"投影"选项，如图 2-17 所示。

▲ 图 2-17　选择"投影"选项

❺ 选择"矩形工具" ▢ ，设置填充颜色为橙色（#fd7d00），在上方绘制矩形条，将图层命名为"橙色"，如图 2-18 所示。

❻ 按 Ctrl+J 组合键两次，复制出两个图层，分别修改矩形的颜色为黄色（#ffea00）和绿色（#a2ff00），如图 2-19 所示。

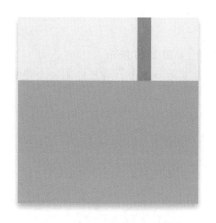

▲ 图 2-18　绘制矩形条

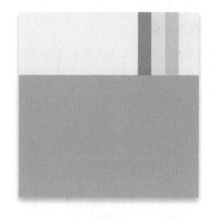

▲ 图 2-19　复制矩形并修改颜色

> 提示　双击形状图层的缩览图，即可在弹出的"拾色器"对话框中选取新的颜色。形状图层的缩略图右下角会有一个如图 2-20 所示的标志，若没有该标志，则为普通图层。

⑦ 使用"椭圆工具" ◯ 绘制椭圆，重命名图层为"相机镜头"，并为该图层添加"投影"图层样式，如图 2-21 所示。

⑧ 使用"椭圆工具" ◯ 绘制大小不等、颜色不同的三个同心圆，如图 2-22 所示。

⑨ 继续使用"椭圆工具" ◯ 绘制两个小圆，如图 2-23 所示。

⑩ 在最上方和最下方边缘处各绘制一个矩形条，分别命名图层为"上横线"和"下横线"。修改"上横线"图层的混合模式为"柔光"，如图 2-24 所示，完成效果如图 2-25 所示。

3. 圆角矩形

使用"矩形工具"也可以绘制圆角矩形，在 APP 元素中，最常见的图标形状就是圆角矩形，如图 2-26 所示。

▲ 图 2-20　形状图层的标志

▲ 图 2-21　绘制椭圆

▲ 图 2-22　绘制同心圆

▲ 图 2-23　绘制两个小圆

▲ 图 2-24　设置混合模式

▲ 图 2-25　完成效果

▲ 图 2-26　图标

除此之外，界面形状也经常会用圆角矩形，如图 2-27 所示。圆角矩形边角半径的大小决定了圆角的不同。

▲ 图 2-27　界面形状

❑ **设计思路**

本节介绍使用"矩形工具"绘制简易的图标，并通过设置圆角半径来改变圆角的大小。图 2-28 所示为制作流程。

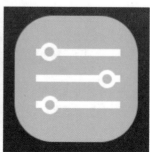

▲ 图 2-28　制作流程

❑ 制作步骤

① 新建文档，在工具箱中选择"矩形工具" ，如图 2-29 所示。

② 在属性栏中单击"填充"颜色色块，在展开的面板中吸取颜色，如图 2-30 所示。

▲ 图 2-29　选择"矩形工具"　　　　　　　▲ 图 2-30　吸取颜色

③ 在画布中单击并拖动鼠标，绘制图形。绘制后弹出"属性"面板，在"属性"面板中修改宽、高均为 145 像素，圆角半径为 45 像素，如图 2-31 所示。

④ 修改后的圆角矩形如图 2-32 所示。

▲ 图 2-31　设置宽、高及圆角半径　　　　　▲ 图 2-32　圆角矩形

提示　💡　单击"属性"面板中的"将角半径值链接在一起"按钮 🔗，可以单独设置四个角的半径，如图 2-33 所示。

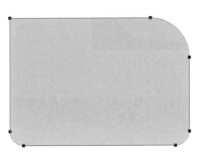

▲ 图 2-33　单独设置四个角的半径

▲ 图 2-34　属性栏参数设置

⑤ 选择"矩形工具" ▢,设置填充颜色为白色(#ffffff),绘制一个矩形条,然后按 Alt 键拖动复制两个矩形条并调整位置,如图 2-35 所示。

⑥ 选择"椭圆工具" ◯,绘制一个正圆并调整位置,如图 2-36 所示。

▲ 图 2-35　绘制矩形条并复制　　　　　▲ 图 2-36　绘制圆

▲ 图 2-37　单击"垂直居中分布"按钮

⑦ 再次绘制一个圆,设置颜色为蓝色(#55d4ef),圆心对齐,如图 2-38 所示。

⑧ 选择两个圆,按 Alt 键拖动复制,并调整位置,如图 2-39 所示。

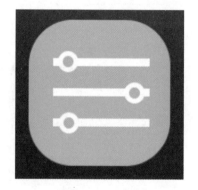

▲ 图 2-38　绘制圆　　　　　　　　▲ 图 2-39　复制

4. 椭圆矩形

椭圆矩形不是常规图形,它是由圆角矩形演变而来的,介于圆和圆角矩形之间,是主

32

题图标绘制最流行的形状之一，如图 2-40 所示。

▲ 图 2-40　椭圆矩形图标

❑ **设计思路**

绘制椭圆矩形的方法有多种，可以使用圆角矩形调整得到，也可以使用"多边形工具"绘制。本节使用"多边形工具"绘制圆角矩形，并在此基础上进行编辑，得到椭圆矩形的图标，如图 2-41 所示为制作流程。

▲ 图 2-41　制作流程

❑ **制作步骤**

❶ 打开 Photoshop，执行"文件"|"新建"命令，在弹出的对话框设置宽度和高度参数，如图 2-42 所示。

❷ 单击"创建"按钮新建文档。在左侧的工具箱中选择"多边形工具" ⬡，在"属性"面板中设置参数，如图 2-43 所示。

❸ 在画面中间按住 Shift 键拖动鼠标即可绘制椭圆矩形，如图 2-44 所示。

❹ 选择"钢笔工具" ✐，为矩形添加夹点，移动夹点位置，调整圆角矩形的边，得到如图 2-45 所示的椭圆矩形。

⑤ 将图层命名为"底1"，复制图层，修改复制图层名称为"底2"，修改图形颜色为浅灰色（#e4e4e4），按Ctrl+T组合键将其向上压缩一点，如图2-46所示。

⑥ 继续复制图层，修改图层名称为"底3"。双击图层缩览图，修改填充颜色为白色（#ffffff），再压缩一点，如图2-47所示。

▲ 图2-42　新建文档

▲ 图2-43　设置参数

▲ 图2-44　绘制椭圆矩形

▲ 图2-45　添加夹点

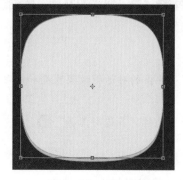

▲ 图2-46　复制图层

▲ 图2-47　更改填充颜色

❼ 使用"矩形工具" ▭ 绘制两个矩形，如图 2-48 所示。

❽ 按住 Alt 键单击两个图层的连接处，创建剪贴蒙版，如图 2-49 所示。

▲ 图 2-48　绘制矩形

▲ 图 2-49　创建剪贴蒙版

❾ 使用"横排文字工具" T 输入文字，如图 2-50 所示。

❿ 选择 Tuesday 图层，为图层添加"投影"样式，效果如图 2-51 所示。

▲ 图 2-50　输入文字

▲ 图 2-51　完成效果

2.1.2　组合图形

我们知道，在 APP 界面中，很多元素并不是单一的圆形、矩形等基本现状，有些图形看似很复杂，但都是使用各种不同的形状进行适当的组合得到的。

1.　设计思路

本节通过结合使用多个工具，绘制一个同时包含圆角矩形、圆形与三角形的图标，如图 2-52 所示为制作流程。

▲ 图 2-52　制作流程

2．制作步骤

❶ 新建文档，选择"矩形工具" ▢，在"属性"面板中单击"填色"色块，在展开的面板中单击"渐变"按钮，然后在下方单击色标，修改颜色，并修改渐变角度为90，如图2-53所示。

❷ 在画布中绘制圆角矩形，如图2-54所示。

▲ 图2-53　设置参数　　　　　　　▲ 图2-54　绘制圆角矩形

❸ 使用"椭圆工具" ◯，设置填充颜色为蓝色（#0048fe），描边为白色（#ffffff），宽度为10像素，按住Shift键绘制正圆，如图2-55所示。

❹ 载入三角形符号。执行"文件"|"打开"命令，定位至配套资源中的"第2章\2.1.2组合图形"文件夹，打开"三角形符号.psd"文件，将符号放置到当前页面中，如图2-56所示。

▲ 图2-55　绘制正圆　　　　　　　▲ 图2-56　载入三角形符号

2.1.3　布尔运算

布尔是英国的数学家，他在1847年发明了处理二值之间关系的逻辑数学计算法，包括联合、相交、相减。在图形处理操作中引入这种逻辑运算方法以使简单的基本图形组合产生新的形体，被称为"布尔运算"，如图2-57所示。

1．设计思路

布尔运算在Photoshop中是通过路径的操作实现的，包括"合并形状""减去顶层形状""与形状区域相交""排除重叠形状""合并形状组件"。其通过路径的操作来显示结果，并且不会对原有路径进行破坏。本节将通过使用不同的工具绘制路径，然后对路径进行这些操作，实现wifi图标的绘制。如图2-58所示为制作流程。

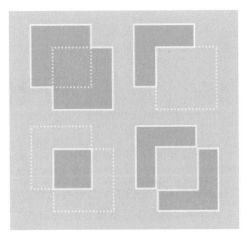

▲ 图 2-57　布尔运算

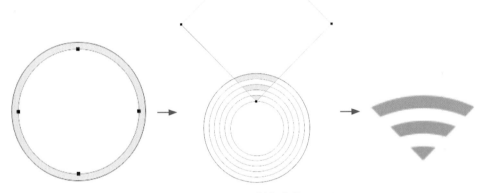

▲ 图 2-58　制作流程

2. 制作步骤

❶ 新建文档，在工具箱中选择"椭圆工具" ◯，如图 2-59 所示。

❷ 在属性栏中单击 ✿ 按钮，选中"固定大小"单选按钮，并设置宽、高均为 200 像素，选中"从中心"复选框，如图 2-60 所示。

▲ 图 2-59　选择"椭圆工具"

▲ 图 2-60　设置参数

❸ 在画布中绘制正圆，如图 2-61 所示。

❹ 在工具箱中选择"路径选择工具" ▸，如图 2-62 所示。

▲ 图 2-61　绘制正圆

▲ 图 2-62　选择"路径选择工具"

❺ 选择圆，按 Ctrl+C 组合键复制，按 Ctrl+V 组合键粘贴。然后按 Ctrl+T 组合键自由变换，按住 Shift+Alt 组合键从中心等比例缩小，如图 2-63 所示。

❻ 将圆的直径缩小 20 像素，也就是宽、高均为 180 像素，在"属性"面板中可以查看，在手动无法精准调到该数值时，也可以在"属性"面板中设置，如图 2-64 所示。

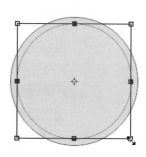

▲ 图 2-63　复制圆并缩小

▲ 图 2-64　设置参数

提示　💡　设置宽、高参数前，单击中间的"链接形状的宽度和高度"按钮 ⑧ 。

❼ 在属性栏中单击"路径操作"按钮，如图 2-65 所示。

▲ 图 2-65　单击"路径操作"按钮

❽ 在展开的列表中选择"减去顶层形状"选项，如图 2-66 所示。

❾ 得到如图 2-67 所示的图形效果。

▲ 图 2-66　选择"减去顶层形状"选项

▲ 图 2-67　图形效果

⑩ 用同样的方法，继续复制圆，并缩小20个像素，如图2-68所示。

⑪ 在列表中选择"合并形状"选项，方便显示上层图形，如图2-69所示。

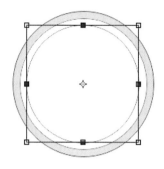

▲ 图2-68　复制圆并缩小

▲ 图2-69　选择"合并形状"选项

⑫ 再次复制圆并缩小20像素，选择"减去顶层形状"选项，如图2-70所示。

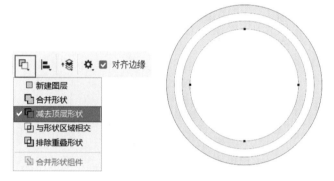

▲ 图2-70　减去顶层形状

⑬ 重复前面的操作，效果如图2-71所示。

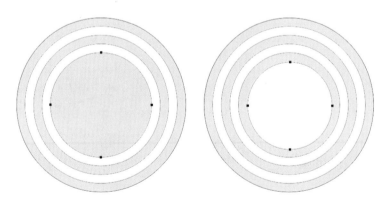

▲ 图2-71　重复前面操作

⑭ 在工具箱中选择"矩形工具" ▢ ，如图2-72所示。

⑮ 在画布中绘制一个正方形，如图2-73所示。

⑯ 按Ctrl+T组合键变形图形，按住Shift键旋转45度，如图2-74所示。

⑰ 将矩形放置到圆的上方，如图2-75所示。

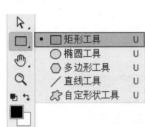

▲ 图 2-72 选择"矩形工具"　　　　　▲ 图 2-73 绘制正方形

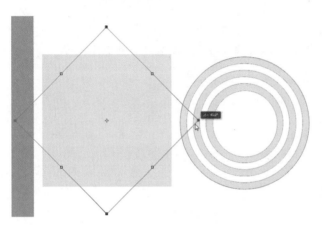

▲ 图 2-74 旋转　　　　　　　　　▲ 图 2-75 调整到圆上方

⑱ 在列表中选择"与形状区域相交"选项，如图 2-76 所示。

⑲ 此时的图形如图 2-77 所示。

⑳ 双击该图层，可以在打开的"拾色器"对话框中修改为任意颜色，完成效果如图 2-78 所示。

▲ 图 2-76 选择"与形状区域　　　▲ 图 2-77 图形效果　　　▲ 图 2-78 完成效果
　　　　　　相交"选项

2.2 APP UI中的光影处理

光影效果能体现出物体的立体感和质感，在 Photoshop 中光影的处理主要是通过图层样式来实现。本节将学习 APP UI 设计中的光影处理。

2.2.1 Photoshop 的图层样式

1. 混合选项

混合选项就是我们打开"图层样式"对话框后看到的第一个设置面板，包括常规混合、高级混合、混合颜色带三个大的功能区。这些功能区中的参数设置会影响后面的总体样式效果，因此学会其中的参数设置是非常必要的。

2. 斜面和浮雕

打开一个按钮，为按钮添加"斜面和浮雕"样式，如图 2-79 所示。添加样式后的效果如图 2-80 所示。

▲ 图 2-79 添加"斜面和浮雕"样式　　▲ 图 2-80 添加样式后的效果

"斜面和浮雕"样式包括内斜面、外斜面、浮雕效果、枕状浮雕和描边浮雕五个样式，如图 2-81 所示。虽然每个样式的设置选项都是一样的，但是制作出来的效果却大相径庭。

"斜面和浮雕"样式设置参数包括"结构"和"阴影"两部分。通过这些设置，我们可以控制浮雕的类型、立体面的幅度、高光及暗部的颜色等，做出立体感和质感较强的图形。

在"图层样式"对话框左侧的样式选项中，"斜面和浮雕"样式包含"等高线"和"纹理"两个选项，如图 2-82 所示。

▲ 图 2-81 五个样式　　　　▲ 图 2-82 "等高线"和"纹理"

- 等高线：用于控制浮雕的外形及应用范围。
- 纹理：将纹理图案叠加到对象上，实现材质效果。

3．内阴影

图 2-83 所示为对象添加"内阴影"样式后，在紧靠图形的边缘会出现阴影，使图形具有凹陷的感觉。在设计 APP UI 元素时，为了体现凹陷的质感，通常会用到"内阴影"图层样式。

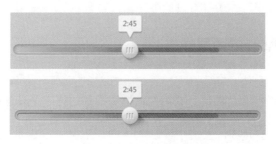

▲ 图 2-83　添加"内阴影"样式的前后对比效果

4．投影

图 2-84 所示为对象添加"投影"样式后，在对象的下方出现了一个和对象内容相同的"影子"。在"投影"样式中可以设置影子的方向、距离、大小等。

▲ 图 2-84　添加"投影"样式的前后对比效果

提示 💡 在 Photoshop 中，每个图层样式的"角度"旁都有一个"使用全局光"复选框，选中该复选框后能保证生成的光影都在一个位置。

5．内发光

图 2-85 所示为对象添加"内发光"样式后，该对象内侧边缘形成一种发光效果。

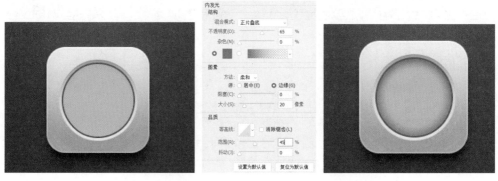

▲ 图 2-85　添加"内发光"样式的前后对比效果

6. 外发光

图 2-86 所示为对象添加"外发光"样式后，该对象边缘外侧形成发光的效果。

▲ 图 2-86　添加"外发光"样式的前后对比效果

在"外发光"图层样式的设置参数中包含了三组。

- 结构：用于设置外发光的颜色和光照强度等属性。
- 图素：用于设置光芒的大小。
- 品质：用于设置外发光效果的细节。

7. 渐变叠加

图 2-87 所示为对象应用"渐变叠加"样式后，该对象实现了金属质感效果。"渐变叠加"样式一般用于为对象覆盖渐变色，通过设置"混合模式"与"不透明度"实现与原对象颜色的混合。

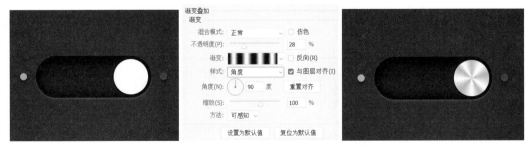

▲ 图 2-87　添加"渐变叠加"样式的前后对比效果

2.2.2　立体效果

要表现立体效果，就需要设置对象的高光与阴影，处理图像的明暗关系。

1. 设计思路

本实例介绍的是立体效果图标的绘制，通过"投影""内阴影"等图层样式来为图标添加阴影效果，通过"渐变叠加"样式表现明暗关系。如图 2-88 所示为制作流程。

▲ 图 2-88　制作流程

2. 制作步骤

❶ 新建文档，使用"矩形工具"🔲绘制圆角矩形，重命名图层为"阴影"，如图 2-89 所示。

❷ 为"阴影"图层添加"投影"样式，如图 2-90 所示。

▲ 图 2-89　绘制圆角矩形　　　　　　　　▲ 图 2-90　添加"投影"样式

❸ 矩形添加图层样式后的效果如图 2-91 所示。

❹ 复制图层，修改图层名称为"时钟"，清除图层样式，双击缩略图修改矩形的颜色，如图 2-92 所示。

▲ 图 2-91　矩形的显示效果　　　　　　　　▲ 图 2-92　修改矩形的颜色

提示　💡 选择图层，单击鼠标右键，执行"清除图层样式"命令即可将所有图层样式删除；直接选择图层上的样式，拖动到"图层"面板底部的🗑按钮上可删除单个图层样式。

⑤ 选择"时钟"图层，单击鼠标右键，执行"转换为智能对象"命令，如图 2-93 所示。

⑥ 双击进入智能对象，为图层添加"斜面和浮雕""内阴影"和"渐变叠加"图层样式，如图 2-94 所示。

⑦ 确定操作后的图像显示效果如图 2-95 所示。

⑧ 使用"椭圆工具"  绘制一个正圆，如图 2-96 所示。

▲ 图 2-93　执行命令

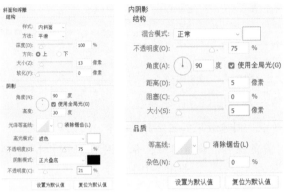

▲ 图 2-94　添加图层样式

▲ 图 2-95　图像的显示效果

▲ 图 2-96　绘制正圆

⑨ 修改图层名称为"投影"，双击图层，在打开的对话框中设置"投影"样式参数，如图 2-97 所示。

⑩ 确定操作后图像的显示效果如图 2-98 所示。

▲ 图 2-97　设置"投影"样式参数

▲ 图 2-98　图像的显示效果

⓫ 复制图层，重命名为"里圈"，修改图层样式参数，如图 2-99 所示。

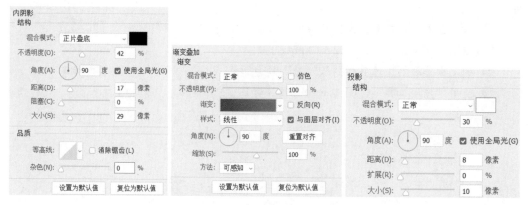

▲ 图 2-99　修改图层样式参数

⓬ 单击"确定"按钮关闭对话框，图像效果如图 2-100 所示。

⓭ 使用"矩形工具"▢绘制圆角矩形，旋转图形，命名图层为"时针"；再次绘制圆角矩形并进行旋转，修改图层名称为"分针"，如图 2-101 所示。

▲ 图 2-100　图像效果

▲ 图 2-101　绘制圆角矩形

⓮ 选择"分针"图层，为图层添加"斜面和浮雕""投影"图层样式，如图 2-102 所示。

⓯ 复制图层样式到"时针"图层上，并修改"投影"样式参数，如图 2-103 所示。

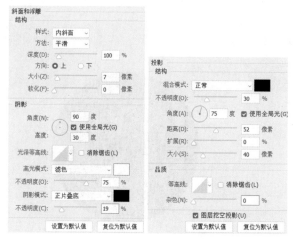

▲ 图 2-102　添加图层样式

▲ 图 2-103　修改"投影"样式参数

⑯ 确定操作后，图像效果如图 2-104 所示。

⑰ 绘制一个圆，为图层添加"投影"样式，如图 2-105 所示。

▲ 图 2-104　图像效果　　　　　　　　　　▲ 图 2-105　添加"投影"样式

⑱ 复制图层，修改图层样式参数，如图 2-106 所示。

▲ 图 2-106　修改图层样式参数

⑲ 修改后的图像效果如图 2-107 所示。

⑳ 使用"矩形工具"▭和"椭圆工具"◯绘制图形，如图 2-108 所示。

▲ 图 2-107　图像效果　　　　　　　　　　▲ 图 2-108　绘制图形

㉑ 重命名图层为"秒针"，为图层添加"斜面和浮雕""投影"样式，如图 2-109 所示。

㉒ 确定操作后的效果如图 2-110 所示。

㉓ 执行"文件"|"存储"命令，回到文档 1，最终效果如图 2-111 所示。

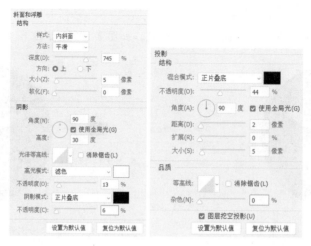

▲ 图 2-109　添加图层样式

▲ 图 2-110　确定操作后的效果

▲ 图 2-111　最终效果

2.2.3　发光效果

发光效果也是十分常见的设计效果。为了表现发光效果，按钮的背景色一般为深色，发光的颜色为鲜艳的色彩，对比强烈。

1. 设计思路

本实例制作具有发光效果的按钮，主要通过"外发光"图层样式实现发光的效果，如图 2-112 所示为制作流程。

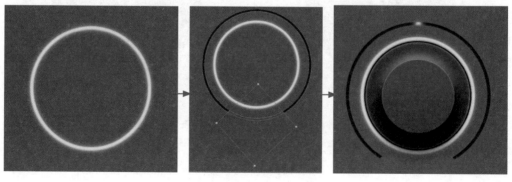

▲ 图 2-112　制作流程

2. 制作步骤

❶ 新建文档，使用"椭圆工具" 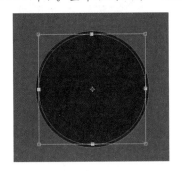 绘制一个正圆，按 Ctrl+C 组合键复制，按 Ctrl+V 组合键粘贴，然后将其略为缩小，如图 2-113 所示。

❷ 在属性栏中单击"路径操作"按钮，在弹出的列表中选择"排除重叠形状"选项，如图 2-114 所示。重命名图层为"圆环"。

▲ 图 2-113　绘制圆并复制、缩小

▲ 图 2-114　选择"排除重叠形状"选项

❸ 为"圆环"图层添加"内阴影""颜色叠加""外发光""投影"样式，如图 2-115 所示。

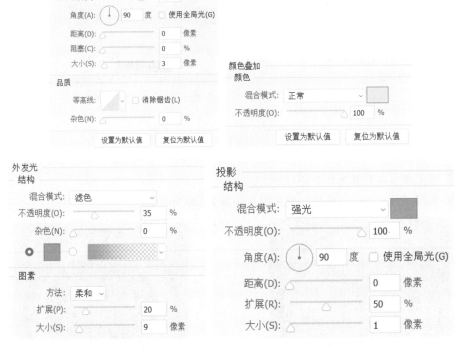

▲ 图 2-115　添加图层样式

❹ 确定操作后图像的显示效果如图 2-116 所示。

❺ 复制图层，重命名为"外环"。将图形放大，并绘制一个矩形，将其旋转后，执行"减去顶层形状"操作，如图 2-117 所示。

▲ 图 2-116　图像效果

▲ 图 2-117　减去顶层形状

❻ 为"外环"图层添加"内阴影""颜色叠加""投影"和"渐变叠加"样式，如图 2-118 所示。

▲ 图 2-118　添加图层样式

❼ 确定操作后的效果如图 2-119 所示。

❽ 使用"椭圆工具"继续绘制正圆，如图 2-120 所示。

▲ 图 2-119　确定操作后的效果

▲ 图 2-120　绘制正圆

⑨ 重命名图层为"底层"，为图层添加"描边""内阴影""内发光"和"渐变叠加"样式，如图 2-121 所示。

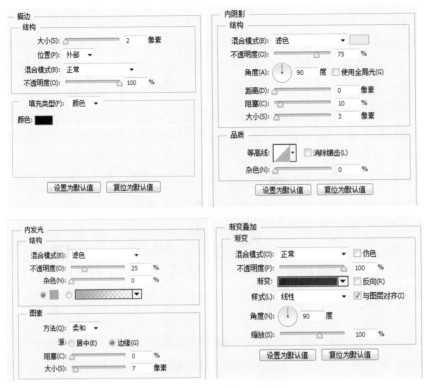

▲ 图 2-121　添加图层样式

⑩ 确定操作后的效果如图 2-122 所示。

⑪ 继续使用"椭圆工具" ◯ 绘制正圆，如图 2-123 所示。

▲ 图 2-122　确定操作后的效果

▲ 图 2-123　绘制正圆

⑫ 重命名图层为"上层"，为图层添加图层样式，如图 2-124 所示。

⑬ 确定操作后的图像效果如图 2-125 所示。

⑭ 使用"矩形工具" ▭ 绘制一个圆角矩形，将其移至"外环"图层上，如图 2-126 所示。

⑮ 重命名图层为"亮点"，为图层添加"内阴影""颜色叠加""外发光"和"投影"图层样式，如图 2-127 所示。

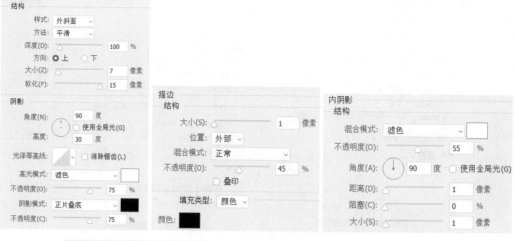

▲ 图 2-124   添加图层样式

▲ 图 2-125   图像效果

▲ 图 2-126   绘制圆角矩形

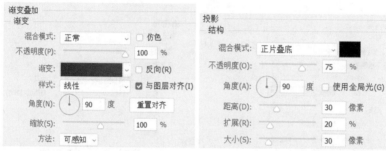

▲ 图 2-127   添加图层样式

▲ 图 2-127　添加图层样式（续）

⑯ 确定操作后的效果如图 2-128 所示。

⑰ 复制"亮点"图层，将"外发光"样式中的"不透明度"与"扩展"值增大，并添加图层蒙版，最终效果如图 2-129 所示。

▲ 图 2-128　确定操作后的效果

▲ 图 2-129　最终效果

2.2.4　投影效果

投影能体现立体效果，投影一般是使用"图层样式"参数来设置，对于特殊的投影，也可以直接绘制。

1. 设计思路

本实例将绘制日历图标，日历图标中使用了长投影效果，这是扁平化中较为常见的投影效果。如图 2-130 所示为制作流程。

▲ 图 2-130　制作流程

2. 制作步骤

❶ 新建文档，为画布填充深灰色（#2f2d2d）。使用"矩形工具"  绘制圆角矩形，填充红色（#ed2b58），如图 2-131 所示。

❷ 重命名图层为"底"，为图层添加"内阴影"和"内发光"样式，如图 2-132 所示。

▲ 图 2-131　绘制圆角矩形　　　　　　　　▲ 图 2-132　添加图层样式

❸ 继续为图层添加"渐变叠加"和"投影"样式，如图 2-133 所示。

❹ 单击"确定"按钮后，图像的显示效果如图 2-134 所示。

▲ 图 2-133　继续添加图层样式　　　　　▲ 图 2-134　图像的显示效果

❺ 复制图层，重命名为"上半部"，然后使用"矩形工具"  绘制矩形，如图 2-135 所示。

❻ 使用"路径选择工具" 选择图形，然后选择"减去顶层形状"选项，如图 2-136 所示。

❼ 设置后的图像效果如图 2-137 所示。

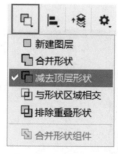

▲ 图 2-135　绘制矩形　　▲ 图 2-136　选择"减去顶层　　▲ 图 2-137　设置后的效果
　　　　　　　　　　　　　　　　形状"选项

⑧ 为"上半部"图层添加"内阴影""颜色叠加"和"渐变叠加"样式，如图 2-138 所示。

▲ 图 2-138　添加图层样式

⑨ 确定操作后图像的显示效果如图 2-139 所示。

⑩ 使用"矩形工具" ▢ 在左侧绘制一个小矩形，颜色为 #731414，并复制一个到右侧，如图 2-140 所示。

▲ 图 2-139　图像效果

▲ 图 2-140　绘制矩形并复制

⑪ 再次复制两个矩形，修改颜色为 #5b0e0e，调整其高度，如图 2-141 所示。

⑫ 使用"直线工具" ╱ 绘制线条，如图 2-142 所示。

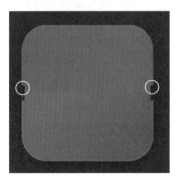

▲ 图 2-141　复制矩形

▲ 图 2-142　绘制线条

⑬ 重命名图层为"分割线"，为图层添加"投影"样式，如图 2-143 所示。

⑭ 确定操作后图像的显示效果如图 2-144 所示。

⑮ 使用"横排文字工具" T 输入文字，如图 2-145 所示。

⑯ 为文字图层添加"渐变叠加"和"投影"样式，如图 2-146 所示。

⑰ 确定操作后图像的显示效果如图 2-147 所示。

⑱ 使用"钢笔工具" ⌀ 绘制图形，重命名图层为"长投影"。将"长投影"图层向下移动一层，设置图层的"不透明度"为 50%，效果如图 2-148 所示。

▲ 图 2-143　添加图层样式

▲ 图 2-144　图像效果

▲ 图 2-145　输入文字

▲ 图 2-146　添加图层样式

▲ 图 2-147　图像效果

▲ 图 2-148　绘制长投影

⓳ 添加图层蒙版，填充黑色，按住 Ctrl 键单击"底"图层，载入选区后，再次选择蒙版，填充白色（#ffffff），使用"画笔工具" ✐ 进行涂抹，效果如图 2-149 所示。

提示 💡 按住 Alt 键，单击蒙版缩略图可以查看蒙版的效果，如图 2-150 所示。

▲ 图 2-149　涂抹效果

▲ 图 2-150　查看蒙版的效果

⑳ 绘制矩形，重命名图层为"底阴影"，将该图层移动至"背景"图层的上方，设置图层的"不透明度"参数为50%，然后旋转矩形，如图2-151所示。

㉑ 矩形的填充颜色为"渐变填充"，渐变色为黑色到白色，如图2-152所示。

▲ 图2-151　绘制矩形并旋转

▲ 图2-152　设置参数

㉒ 此时的图像效果如图2-153所示。

㉓ 添加图层蒙版，为蒙版填充白色到黑色的渐变，如图2-154所示。

㉔ 最终的完成效果如图2-155所示。

▲ 图2-153　图像效果

▲ 图2-154　添加蒙版

▲ 图2-155　完成效果

2.3　设计师心得

2.3.1　光影在不同材质上的表现

阴影是最自然的暗示，它可以突出界面元素。当光从天空中射下来时，会照亮最上面的事物，并且向下投射出它们的影子。所以顶部最亮，而底部最暗。在用户界面中，元素加入阴影后，它们就有了立体效果，如图2-156所示。在保持简洁的情况下，应用光影可以提升用户触摸、滑动、点击的交互欲望。

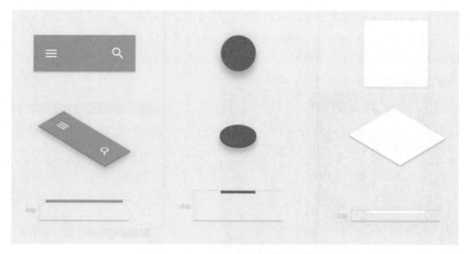

▲ 图 2-156　加入阴影后具有立体效果

物体在光线的照射下产生立体感，出现物体明暗调子的规律可归纳为"三面五调"。

- 物体在受光的照射后，呈现出不同的明暗，即亮面、灰面、暗面。
- 调子是指画面不同明度的黑白层次，是画面不同区域反射光的效果，也就是画面的明暗效果。在三大面（亮面、灰面、暗面）中，根据受光的强弱不同，有很多明显的区别，形成了五个调子，即高光、中间调（灰部）、明暗交界线、反光、投影。

在 APP UI 设计中，不用把所有的调子都绘制出来。一般而言，要表现物体的厚度，有两个部分必不可少，分别是受光部分和阴影部分。

设计师需要清楚光源从哪里来，高光的位置决定了阴影的位置，如图 2-157 所示。

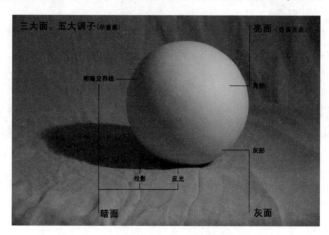

▲ 图 2-157　光与影

影响光的因素主要是结构，其次是材质对光的反射程度。

1. 透明材质

透明材质有玻璃、宝石等。

- 对于透明材质的物体，如果表面光滑，光会在入射面有一个较强的反射高光。当光线穿过物体后，会在物体内的后方投射出一块光斑，如图 2-158 所示。
- 在物体不直接和光源成直射角的边缘，会形成一些较深的颜色，如图 2-159 所示。

▲ 图 2-158　强反光与投射光斑

▲ 图 2-159　边缘颜色深

- 通过透明物体可以看到后面的图像，如图 2-160 所示，而且会根据透明物体的造型及反射率进行一定的扭曲和折射。

▲ 图 2-160　透明物体可以看到后面的图像

2. 厚实材质

厚实材质有金属、木材、不透明塑料等。

- 厚实材质的高光颜色是照射光和物体本身的混色。光线不会穿透物体，所以三大调五大面的表现效果都很明显，因此在绘制时要注意物体的明暗交界线，如图 2-161所示。
- 周围的光投射在地表后会反射到物体的背面，所以背面不是最暗的面，如图 2-162所示。

▲ 图 2-161 厚实材质

▲ 图 2-162 背面不是最暗的面

3．粗糙暗哑材质

粗糙暗哑材质有水泥、原石、磨砂橡胶等。因其表面凹凸不平，所以高光比较柔和，光影变化也不强烈，如图 2-163 所示。

▲ 图 2-163 粗糙暗哑材质

4．光滑坚硬材质

光滑坚硬的材质有抛光大理石、清漆木头等。

- 高光强且面积小，反射的也是光源本身的颜色，如图 2-164 所示。
- 光滑的物体会对周围的环境进行反射，并在物体表明进行扭曲和拉伸。

▲ 图 2-164　高光强且面积小

5. 柔软材质

　　柔软材质如布料、编织物、皮革、皮毛、植物等，需要表达材质的柔软，并借助高光来表达质感，如图 2-165 所示。

▲ 图 2-165　柔软材质

　　如果是动物的皮毛，表现毛发的折射效果会显得画面更加逼真，如图 2-166 所示。

▲ 图 2-166　动物毛发

6. 流体材质

流体指水、牛奶等液体，也包括果酱、蜂蜜等黏液。

- 液体由于表明的张力，在物体表面会形成球面的水珠，如图 2-167 所示。

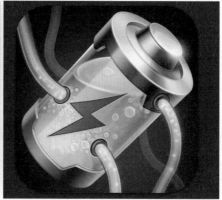

▲ 图 2-167　表面水珠

- 液体放在容器内会出现周围挂壁的现象，而刚好满溢的液体会在容器的开口处凸起，如图 2-168 所示。

2.3.2　扁平化设计的流行配色方案

扁平化设计并不局限于某种色彩基调，它可以使用任何色彩。但是大多数的设计师都倾向于使用大胆鲜艳的颜色。

那么，如何让扁平化设计在色彩上与众不同呢？设计师正在不断地增加色彩层次，将原本的一、两个层次加到三、四个，甚至更多。这些色彩的亮度和饱和度大都非常高。

▲ 图 2-168　挂壁的现象

在进行扁平化设计时，传统的色彩法则就不适用了，转而以彩虹色这种流行色来进行配色。

1. 纯色

扁平化设计一般都有特定的设计法则，比如利用纯色，采用复古风格或者同类色。但并不是说这是唯一的选择，而是这种方式已经成为一种流行的趋势，也更受大家欢迎。

提到扁平化设计的色彩，纯色一定最先出现在人们脑海里，因为它带来了一种独特的感受。纯粹的亮色往往能够与明亮的或者灰暗的背景形成对比，以达到一种极富冲击力的视觉效果。所以说，在进行扁平化设计时，纯色绝对是最受欢迎的色彩趋势，如图 2-169 所示。

在扁平化设计中，三原色是很少见的，即正红、正蓝和正黄。

2. 复古色

在扁平化设计中，复古色也是一种常见的色彩方式，如图 2-170 所示。

这种色彩饱和度低，在纯色的基础上添加白色，使色彩变得更加柔和。复古色经常以大量的橘色和黄色为主，有时也采用红色或蓝色。

在扁平化设计中，复古色为主色调很常见，柔美纤细，有古典气质。

▲ 图 2-169　纯色

▲ 图 2-170　复古色

在扁平化设计中，以复古色为主色调是很常见的，因为这种色彩能够使页面变得更加柔美、富有女性气质。

3. 同类色（单色调）

在扁平化设计中，同类色正迅速成长为一种流行趋势。这种色彩往往以单一颜色搭配黑色或白色来创造一种鲜明且有视觉冲击力的效果。同类色在移动设备和 APP 设计中格外受欢迎。

大部分的同类色都是利用一个基本色搭配两三个色彩，如图 2-171 所示。另一个方法是利用少量的色彩变化。比如，蓝色配合绿色呈现出一种蓝绿色的效果。

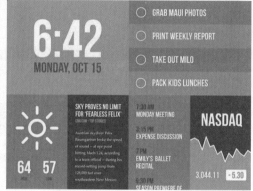

▲ 图 2-171　同类色

第 3 章
APP 界面中常见元素设计

每个APP的界面都是由多个不同的基本元素组成的，常见的元素有图标、按钮、菜单等，这些元素的设计是APP界面设计的基础。

3.1 常见界面控件设计

界面控件是指放置在界面上的可视化图形，大多数具有执行功能，可以控制事件的发生。

3.1.1 常见的控件元素

在APP界面中常见的控件元素有图标、按钮、进度条、单选按钮、复选框、搜索栏、导航栏等，如图3-1所示。

1. 图标

图标是APP界面中不可或缺的一部分。图标按功能分为应用图标、功能图标和示意图标。

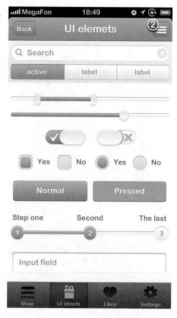

▲ 图 3-1 常见的控件元素

- 应用图标：通常是APP的入口，是产品的一种概括性视觉表现，能够简洁、明确地传递产品的核心理念和内涵，如图3-2所示。
- 功能图标：功能图标一般用于表示具有可操作性的命令、文件、设备或目录，如图3-3所示，并包括默认、触摸、选中三种状态。需要注意的是，简化的图标需要表达出相应的含义，在小尺寸的情况下也必须清晰易懂。
- 示意图标：用于指示用户无须操作的信息，如图3-4所示。这类图标只有一个状态。

▲ 图 3-2 应用图标

▲ 图 3-3　功能图标

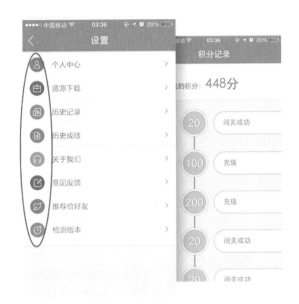

▲ 图 3-4　示意图标

2. 按钮

按钮是 APP 界面中最基本，也是最不可缺少的控件。无论是何种 APP 应用程序，都少不了按钮元素，通过按钮能完成返回、设置、跳转、关闭等多种操作。通常将有关联的按钮放在一起，形成按钮组，如图 3-5 所示。

▲ 图 3-5　按钮组

3. 单选按钮、复选框

- 单选按钮：只允许用户在一组选项中选择一个，如图 3-6 所示。它适合需要用户看到所有可用选项并排显示的开关设计。

- 复选框：允许用户在一组选项中选择多个，如图 3-7 所示。它适合需要在列表中设计多个开关设置，并能节省空间的开关设计。

▲ 图 3-6　单选按钮

▲ 图 3-7　复选框

4. 导航

APP 导航承载着用户获取所需内容的快速途径。APP 的导航样式多种多样，如图 3-8 所示。APP 导航，按照排列的方式分为列表式和网格式两大类，再由此演变成其他类别。常见的主导航有标签式、抽屉式、宫格式、列表式等，以及不同导航之间的组合。

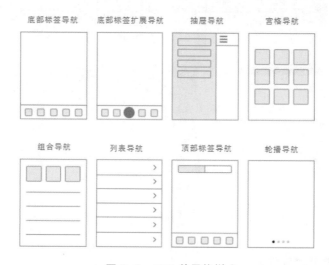

▲ 图 3-8　APP 的导航样式

3.1.2　按钮设计

无论是何种 APP 应用程序，都少不了按钮元素，通过按钮能完成返回、设置、跳转、开始、关闭等多种操作。

1. 设计思路

本实例制作 APP 界面中的"开始"按钮，首先确定按钮的形状，然后为其设置图层样式，如描边、投影等，借以表现按钮的质感，最后添加文字与光影效果，操作流程如图 3-9 所示。

▲ 图 3-9　制作流程

2. 制作步骤

❶ 启动 Photoshop 软件，执行"文件"|"新建"命令，在"新建文档"对话框中，设置"宽度"为 1180 像素、"高度"为 790 像素、"分辨率"为 100 像素 / 英寸，其他参数保持默认值。

单击"创建"按钮新建文档。执行"文件"|"存储"命令,选择存储路径,重命名文档为"按钮",保存到计算机中。

❷ 执行"文件"|"打开"命令,打开"第3章\3.1.2按钮设计\黑色纹理背景.jpg"文件,并将其拖入"按钮"文档中,如图3-10所示。

❸ 使用"矩形工具" ▢ ,在属性栏中设置"形状宽度"为570像素、"形状高度"为250像素、四个角的"圆角半径"值均为125像素,选择"形状描边类型"为"无",填充黄色(#d4aa18),绘制圆角矩形如图3-11所示。

▲ 图 3-10　添加黑色纹理背景　　　　　▲ 图 3-11　绘制圆角矩形

❹ 在"图层"面板中双击"圆角矩形1"图层,打开"图层样式"对话框。分别设置"描边"与"投影"参数,如图3-12所示。

▲ 图 3-12　设置图层样式参数

> 提示 💡 执行"窗口"|"图层"命令,或者按F7键,可以打开或者关闭"图层"面板。

❺ 按Ctrl+O组合键,打开"第3章\3.1.2按钮设计\金属背景.jpg"文件,将其拖入"按钮"文档,重命名图层为"金属背景"。将光标置于"金属背景"图层与"圆角矩形1"图层之间,按住Alt键,单击鼠标左键创建剪贴蒙版,如图3-13所示。

❻ 使用"矩形工具" ▢ ,在属性栏中设置"形状宽度"为490像素、"形状高度"为180像素、四个角的"圆角半径"值均为90像素,选择"形状描边类型"为"无",填充黄色(#f3ec2b),绘制圆角矩形如图3-14所示。

❼ 双击"圆角矩形2"图层,在"图层样式"对话框中分别设置"斜面和浮雕""描边"等参数,如图3-15所示。

▲ 图 3-13　创建剪贴蒙版　　　　　　　　　　　　▲ 图 3-14　绘制圆角矩形

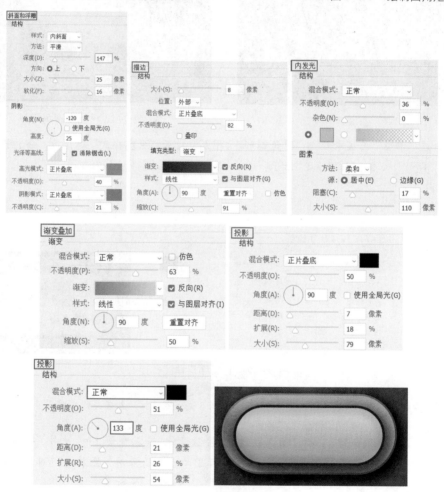

▲ 图 3-15　设置图层样式参数

❽ 选择"金属背景"图层，按 Ctrl+J 组合键，创建"金属背景拷贝"图层，并将该图层移动至"圆角矩形 2"图层之上。按住 Alt 键，单击图层连接处，创建剪贴蒙版，如图 3-16 所示。

❾ 使用"横排文字工具"▇输入"开始"文字，设置"字体大小"为 120，填充深红色（#4a0f02），如图 3-17 所示。

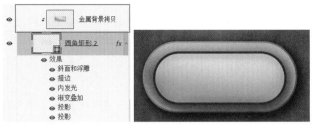

▲ 图 3-16 创建剪贴蒙版　　　　　　　　　　　▲ 图 3-17 输入文字

提示 "开始"文字的字体样式为"千图厚黑体"，读者可以从网络上下载使用。

⑩ 双击文字图层，打开"图层样式"对话框，分别设置"斜面和浮雕"与"渐变叠加"参数，如图 3-18 所示。

▲ 图 3-18 设置图层样式参数

⑪ 选择"钢笔工具" ✎，选择"形状"，设置"填充"为白色、"描边"为无，在文字图层的上方绘制形状。在"图层"面板中设置"不透明度"为 90%，为按钮添加光影效果，如图 3-19 所示。

⑫ 选择"椭圆工具" ◯，选择"形状"，设置"填充"为白色、"描边"为无。绘制椭圆并调整位置，为按钮添加反光效果，如图 3-20 所示。

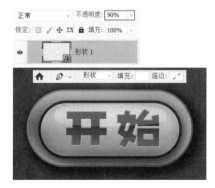

▲ 图 3-19 绘制形状

▲ 图 3-20 绘制椭圆

选择"路径"，需要手动新建图层，将路径转化为选区后才可填充颜色，不能利用"直接选择工具"编辑路径。

选择"像素"，需要手动新建图层，自动填充当前颜色，不能利用"直接选择工具"编辑路径。

3.1.3 对话框设计

对话框有两种：提示对话框和聊天对话框。这里介绍提示对话框的设计，一般有两个选择按钮，方便用户选择继续进行操作或退出当前操作。

1. 设计思路

本实例绘制的是简单的提示对话框，整个界面为白色，两个按钮分别赋予不同的样式，十分明显。如图 3-21 所示为制作流程。

▲ 图 3-21　制作流程

2. 制作步骤

❶ 启动 Photoshop 软件，执行"文件"|"新建"命令，在"新建文档"对话框中，设置"宽度"为 750 像素、"高度"为 1330 像素、"分辨率"为 72 像素 / 英寸，其他参数保持默认值。单击"创建"按钮新建文档。执行"文件"|"存储"命令，选择存储路径，重命名文档为"对话框"，保存到计算机中。

❷ 载入背景。执行"文件"|"打开"命令，定位至配套资源中的"第 3 章 \3.1.3 对话框设计"文件夹，打开"背景 .psd"文件，将背景拖动至"对话框"文档中，并调整位置与大小，如图 3-22 所示。

❸ 新建"底纹"图层。设置前景色为黑色（#000000）■，按 Alt+Delete 组合键，为图层添加黑色。在"图层"面板中修改"不透明度"为 43%，如图 3-23 所示。

▲ 图 3-22　添加背景

▲ 图 3-23　添加底纹

❹ 选择"矩形工具" ，选择"形状"，在"属性"面板中设置"形状宽度"为 490 像素、"形状高度"为 584 像素、圆角半径为 35 像素，填充白色（#ffffff），绘制矩形效果如图 3-24 所示。

❺ 选择上一步骤绘制的矩形，按住 Alt 键不放，拖动鼠标创建副本。选择矩形副本，按 Ctrl+T 组合键，进入自由变换模式。按住 Shift 键，将鼠标放置在控制点上，拖动鼠标调整矩形大小。在"属性"面板中修改矩形的左下角 、右下角 的圆角半径为 0 像素。再为矩形填充渐变色，参数设置与绘制效果如图 3-25 所示。

▲ 图 3-24　绘制矩形

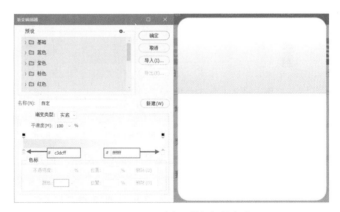

▲ 图 3-25　为矩形填充渐变色

❻ 选择"矩形工具" ，选择"形状"，在"属性"面板中设置"形状宽度"为 168 像素、"形状高度"为 195 像素、圆角半径为 15 像素，填充白色（#ffffff），描边为蓝色（#64bafd），绘制效果如图 3-26 所示。

❼ 参考上一步骤所绘矩形的尺寸，继续绘制矩形，填充渐变色，描边为蓝色（#64bafd），参数设置与绘制效果如图 3-27 所示。

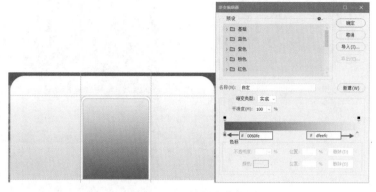

▲ 图 3-26　绘制白色矩形　　　　　　　　　　　　▲ 图 3-27　绘制渐变矩形

⑧ 选择"矩形工具" ▢，选择"形状"，在"属性"面板中设置"形状宽度"为 136 像素、"形状高度"为 178 像素、圆角半径为 10 像素，填充白色（#ffffff），绘制效果如图 3-28 所示。

⑨ 载入图标。执行"文件"|"打开"命令，定位至配套资源中的"第 3 章 \3.1.3 对话框设计"文件夹，打开"图标 .psd"文件，将图标拖动至"对话框"文档中，并调整位置与大小，如图 3-29 所示。

▲ 图 3-28　绘制白色矩形　　　　　　　　　　　　▲ 图 3-29　添加图标

⑩ 选择"矩形工具" ▢，选择"形状"，在页面中绘制蓝色矩形，如图 3-30 所示。

⑪ 选择"椭圆工具" ◯，选择"形状"，在"属性"面板中设置"形状宽度"为 73 像素、"形状高度"为 73 像素，填充蓝色（#0071fd），描边为白色（#ffffff），宽度为 3 像素，绘制效果如图 3-31 所示。

⑫ 选择"钢笔工具" ⌀，在属性栏中选择"形状"，填充为无，描边为白色（#ffffff），宽度为 3 像素，在圆形上方绘制箭头，如图 3-32 所示。

⑬ 绘制按钮。选择"矩形工具" ▢，选择"形状"，在"属性"面板中设置"形状宽度"为 164 像素，"形状高度"为 56 像素，圆角半径为 28 像素，填充为无，描边为蓝色（#0071fd），宽度为 2 像素，绘制效果如图 3-33 所示。

⑭ 选择上一步骤绘制的矩形，按住 Alt 键向右移动复制。将描边改为"无"，为矩形填充渐变色，参数设置和绘制效果如图 3-34 所示。

▲ 图 3-30　绘制蓝色矩形

▲ 图 3-31　绘制圆形

▲ 图 3-32　绘制箭头

▲ 图 3-33　绘制矩形

▲ 图 3-34　绘制渐变矩形

⓯ 绘制"关闭"按钮。选择"椭圆工具" ⃝，选择"形状"，在"属性"面板中设置"形状宽度"为 66 像素、"形状高度"为 66 像素，填充灰色（#a0a0a0），绘制效果如图 3-35 所示。

⓰ 选择"横排文字工具" T.，在圆形上面输入"×"，绘制结果如图 3-36 所示。

⓱ 继续选择"横排文字工具" T.，在页面中输入说明文字，绘制效果如图 3-37 所示。

▲ 图 3-35　绘制圆形

▲ 图 3-36　输入"×"

▲ 图 3-37　输入文字

3.1.4　导航标签设计

标签式导航是 APP 应用中最普遍、最常用的导航模式，适合在相关的几类信息之间频繁地切换。这类信息优先级较高、用户使用频繁，彼此之间相互独立。一般根据逻辑和重要性，将标签的分类控制在五个以内，高亮显示当前用户的选择，用户可以迅速地实现页面之间的切换而不会迷失方向，简单且高效。

1. 设计思路

本实例制作的底部标签导航，由五个标签组成，中间标签为最重要且最频繁使用的，因此，通过蓝色进行突出。通过绘制图形，添加"图案叠加"样式实现纹理效果，添加其他的图层样式实现凹陷与凸出的立体效果。如图 3-38 所示为制作流程。

▲ 图 3-38　制作流程

2. 制作步骤

❶ 使用"矩形工具"▢绘制矩形，如图 3-39 所示。

▲ 图 3-39　绘制矩形

❷ 重命名图层为"底纹"，为图层添加"描边""内阴影""渐变叠加""图案叠加""投影"样式，如图 3-40 所示。

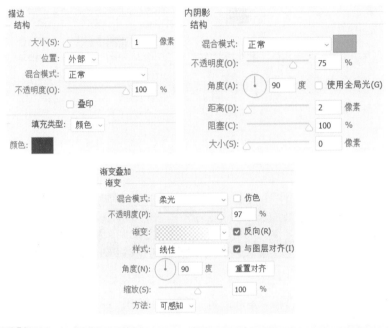

▲ 图 3-40　添加图层样式

❸ 单击"确定"按钮后的图像效果如图 3-41 所示。

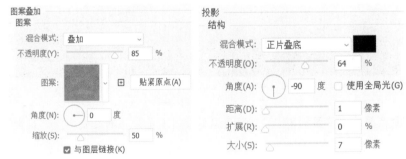

▲ 图 3-41　图像效果

❹ 使用"直线工具"╱绘制直线，如图 3-42 所示。

▲ 图 3-42　绘制直线

❺ 为直线图层添加"内阴影"和"渐变叠加"样式，如图 3-43 所示。

▲ 图 3-43　添加图层样式

❻ 确定操作后，复制直线图层，并调整位置，如图 3-44 所示。

▲ 图 3-44　复制图层并调整位置

❼ 使用"椭圆工具"◯和"矩形工具"▢绘制图形，如图 3-45 所示。

▲ 图 3-45　绘制图形

❽ 重命名图层为"图标1"，为图层添加"内发光""渐变叠加""投影"样式，如图 3-46 所示。

▲ 图 3-46　添加图层样式

⑨ 单击"确定"按钮后的图像效果如图3-47所示。

▲ 图 3-47 图像效果

⑩ 使用"横排文字工具" **T** 输入文字，如图3-48所示。

▲ 图 3-48 输入文字

⑪ 为文字图层添加"投影"样式，如图3-49所示。

⑫ 确定操作后的图像效果如图3-50所示。

▲ 图 3-49 添加"投影"样式　　　　　▲ 图 3-50 图像效果

⑬ 用同样的方法绘制其他图形并输入文字，如图3-51所示。

▲ 图 3-51 绘制图形并输入文字

⑭ 使用"矩形工具" ▢ 绘制矩形，如图3-52所示。

▲ 图 3-52 绘制矩形

⑮ 为矩形图层添加"描边""渐变叠加""图案叠加""外发光""投影"图层样式，如图3-53所示。

▲ 图 3-53　添加图层样式

⑯ 单击"确定"按钮后的图像如图 3-54 所示。

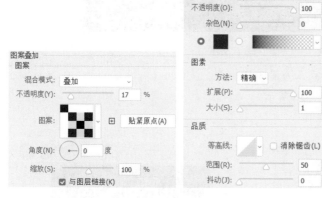

▲ 图 3-54　图像效果

⑰ 新建图层，绘制顶部高光，如图 3-55 所示。

▲ 图 3-55　绘制高光

⑱ 再次使用"矩形工具"▭绘制矩形，如图 3-56 所示。

⑲ 重命名图层为"小矩形"，为图层添加"内阴影""渐变叠加""图案叠加""投影"样式，如图 3-57 所示。

⑳ 确定操作后的图像效果如图 3-58 所示。

▲ 图 3-56　绘制矩形

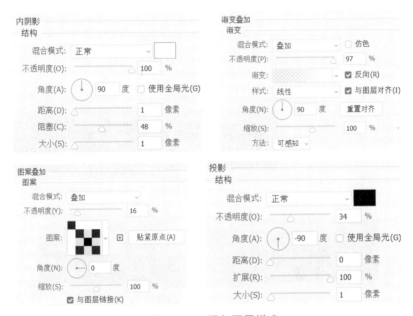

▲ 图 3-57　添加图层样式

▲ 图 3-58　图像效果

㉑　使用"矩形工具"▢和"钢笔工具"✐绘制图形并输入文字，添加图层样式后的效果如图 3-59 所示。将图形图层重命名为"主图标"。

▲ 图 3-59　添加图层样式后的效果

㉒　为"主图标"添加的图层样式为"内发光""渐变叠加""投影"，如图 3-60 所示。

㉓　为文字图层添加的图层样式为"投影"，具体参数如图 3-61 所示。

㉔　使用"矩形工具"▢绘制矩形，并填充渐变色，如图 3-62 所示。

㉕　重命名图层为"投影"，将图层向下移动几层，完成制作，如图 3-63 所示。

▲ 图 3-60　设置样式参数

▲ 图 3-61　"投影"参数

▲ 图 3-62　绘制矩形并填充渐变色

▲ 图 3-63　完成制作

3.1.5　进度条设计

进度条可以在处理任务时，实时地以图片的形式显示处理任务的速度、完成度、剩余未完成的任务量和可能需要的处理时间。在 APP 界面中，进度条一般用于显示加载、播放的进度，设置的亮度，音量的大小等。除了常规的长条状进度条外，还有圆环形进度条，如图 3-64 所示。

▲ 图 3-64　进度条

1．设计思路

本实例制作长条状进度条，通过简单图形的绘制，并添加不同的图层样式，实现进度条的立体效果。如图 3-65 所示为制作流程。

▲ 图 3-65　制作流程

2. 制作步骤

(1) 新建文档。选择"矩形工具" ▢，选择"形状"，在"属性"面板中设置"形状宽度"为1096像素、"形状高度"为131像素、圆角半径为43像素，填充褐色（#972f07），绘制效果如图3-66所示。

▲ 图3-66　绘制矩形

(2) 选择"橡皮擦工具" ✎，擦除矩形的某些部分，绘制缺口，如图3-67所示。

▲ 图3-67　绘制缺口

(3) 选择"矩形工具" ▢，选择"形状"，在"属性"面板中设置"形状宽度"为1076像素、"形状高度"为112像素、圆角半径为35像素，填充渐变色，参数设置与绘制效果如图3-68所示。

▲ 图3-68　绘制渐变矩形

(4) 选择"矩形工具" ▢，选择"形状"，在"属性"面板中设置"形状宽度"为1037像素、"形状高度"为81像素、圆角半径为20像素，填充褐色（#973008），绘制效果如图3-69所示。

▲ 图3-69　绘制矩形

(5) 选择在第（3）和（4）步骤中绘制的矩形，按Ctrl+G组合键，创建组，重命名为"矩形"。

(6) 载入纹理。执行"文件"|"打开"命令，定位至配套资源中的"第3章\3.1.5进度条设计"文件夹，打开"素材.psd"文件，将纹理放置到新建文档中，并移动至"矩形"组

之上。按住 Alt 键，在图层和组的连接处单击鼠标左键，创建剪贴蒙版，如图 3-70 所示。

▲ 图 3-70　载入纹理

(7) 选择"矩形工具"，选择"形状"，在"属性"面板中设置"形状宽度"为 785 像素、"形状高度"为 81 像素，设置左上角、左下角的圆角半径为 20 像素，右上角、右下角的圆角半径为 40 像素，填充渐变色，绘制效果如图 3-71 所示。

▲ 图 3-71　绘制矩形

(8) 载入底纹。执行"文件"|"打开"命令，定位至配套资源中的"第 3 章 \3.1.5 进度条设计"文件夹，打开"素材 .psd"文件，将底纹放置到新建文档中，并移动至"圆角矩形 - 绿色"图层之上。按住 Alt 键，在图层的连接处单击鼠标左键，创建剪贴蒙版，如图 3-72 所示。

▲ 图 3-72　载入底纹

(9) 选择"横排文字工具"，在进度条的上方输入说明文字，绘制效果如图 3-73 所示。

▲ 图 3-73　输入文字

3.1.6　滑块按钮

滑块按钮用于滑动设置相应的选项，通常向左或向右滑动来设置两个不同的选项，与

ON/OFF 按钮效果相同。

1．设计思路

本实例制作的是滑块按钮。通过设计突出的滑块，吸引用户去点击滑动。向左或向右滑动后会出现颜色和文字变化，制作流程如图 3-74 所示。

▲ 图 3-74　制作流程

2．制作步骤

❶ 使用"矩形工具" ▢ 绘制圆角矩形，如图 3-75 所示。

❷ 重命名图层为"底层"，双击该图层，在打开的对话框中选中"内阴影"复选框，设置参数，如图 3-76 所示。

▲ 图 3-75　绘制圆角矩形

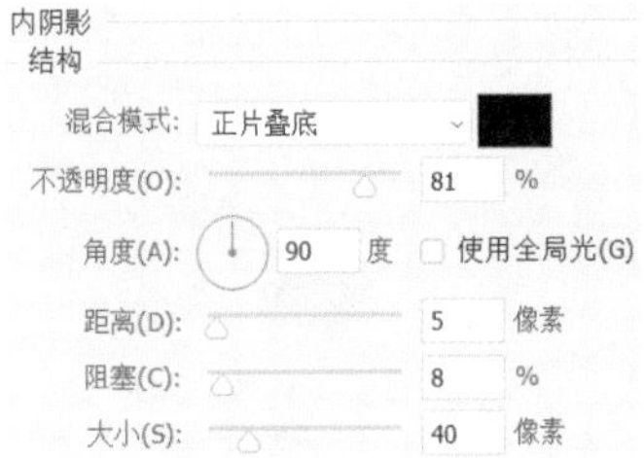

▲ 图 3-76　设置"内阴影"参数

❸ 设置"颜色叠加""外发光"的参数，如图 3-77 所示。

▲ 图 3-77　设置参数

❹ 单击"确定"按钮关闭对话框，此时的图像效果如图 3-78 所示。

❺ 再次绘制一个矩形，重命名图层为"外框"，移动图层到"底层"图层的下方，如图 3-79 所示。

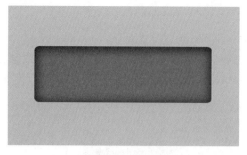

▲ 图 3-78　图像效果

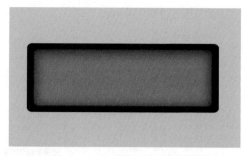

▲ 图 3-79　绘制矩形并调整图层顺序

❻ 同样，为"外框"图层设置样式参数，如图 3-80 所示。其中渐变叠加的颜色为（色标 1：#737373、色标 2：#c1c1c1）。

▲ 图 3-80　设置图层样式参数

❼ 单击"确定"按钮后的图像效果如图 3-81 所示。

❽ 绘制矩形，重命名图层为"滑块底"，移动该图层至最上层，如图 3-82 所示。

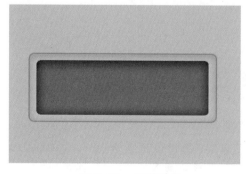

▲ 图 3-81　图像效果

▲ 图 3-82　绘制矩形并调整顺序

⑨ 双击"滑块底"图层，添加图层样式，如图 3-83 所示。

▲ 图 3-83　添加图层样式

⑩ 复制一个图层，重命名为"滑块"，将其向上移动 12 像素，并清除图层样式，如图 3-84 所示。

⑪ 双击"滑块"图层，在打开的对话框中选中"渐变叠加"复选框，设置参数，如图 3-85 所示。

▲ 图 3-84　复制并移动

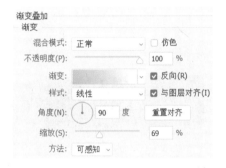

▲ 图 3-85　添加"渐变叠加"图层样式

⑫ 确定操作后的图像效果如图 3-86 所示。

⑬ 复制一层，重命名为"滑块投影"。执行"滤镜"|"模糊"|"方框模糊"命令，如图 3-87 所示。

▲ 图 3-86　图像效果

▲ 图 3-87　执行"方框模糊"命令

⑭ 弹出对话框，单击"栅格化"按钮，如图 3-88 所示。

⓯ 在弹出的对话框中设置参数，如图 3-89 所示。

▲ 图 3-88　单击"栅格化"按钮　　　　　　▲ 图 3-89　设置参数

⓰ 单击"确定"按钮后，使用方向键↓略微向下移动，图像效果如图 3-90 所示。

⓱ 按 Ctrl+[组合键，将"滑块投影"图层向下移动至"底层"图层的下方。添加图层蒙版，使用黑色的"画笔工具"涂抹左侧多余的部分，效果如图 3-91 所示。

▲ 图 3-90　向下移动　　　　　　　　　　▲ 图 3-91　涂抹蒙版

⓲ 绘制矩形并复制两个，执行"水平居中分布"排列，如图 3-92 所示。

⓳ 选择"矩形 1"并双击，打开"图层样式"对话框，设置"内阴影"和"外发光"参数，如图 3-93 所示。

▲ 图 3-92　绘制矩形　　　　　　　　　　▲ 图 3-93　添加图层样式

⓴ 单击"确定"按钮后的图像效果如图 3-94 所示。

㉑ 复制图层样式，选择"矩形 1 拷贝"和"矩形 1 拷贝 2"图层，粘贴图层样式，如图 3-95 所示。

▲ 图 3-94　图像效果

▲ 图 3-95　粘贴图层样式的效果

㉒ 使用"横排文字工具" **T**，输入文字，如图 3-96 所示。

㉓ 为文字图层添加图层样式，如图 3-97 所示。

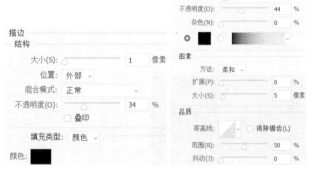

▲ 图 3-96　输入文字

▲ 图 3-97　添加图层样式

㉔ 单击"确定"按钮，完成效果如图 3-98 所示。

㉕ 将除了背景外的所有图层选中，单击鼠标右键，执行"从图层建立组"命令。复制组，并修改颜色、文字等，制作开关的另一个状态，如图 3-99 所示。

▲ 图 3-98　完成效果

▲ 图 3-99　开关的另一个状态

3.1.7　搜索栏

搜索栏是用于搜索页面内容的控件，由搜索框和搜索按钮组成。部分搜索栏还提供搜索下拉列表，根据相应的关键字显示列表内容。

1. 设计思路

本实例制作的是搜索栏，通过绘制圆角矩形作为搜索框，绘制放大镜图形作为搜索按钮，然后为图形添加图层样式，使其更具层次感。如图 3-100 所示为制作流程。

▲ 图 3-100　制作流程

2. 制作步骤

❶ 新建空白文档，使用"矩形工具" █ 绘制圆角矩形，如图 3-101 所示。

❷ 重命名图层为"搜索框"，为图层添加"描边"和"内阴影"样式，如图 3-102 所示。

▲ 图 3-101　绘制圆角矩形　　　　　　　　▲ 图 3-102　添加图层样式

❸ 继续添加"颜色叠加"样式，如图 3-103 所示。

❹ 确定操作后的图像效果如图 3-104 所示。

▲ 图 3-103　添加"颜色叠加"样式　　　　　▲ 图 3-104　图像效果

❺ 使用多种绘图工具绘制放大镜，如图 3-105 所示。

❻ 重命名图层为"搜索图标"，为图层添加"颜色叠加"和"外发光"图层样式，如图 3-106 所示。

▲ 图 3-105　绘制放大镜　　　　　　　▲ 图 3-106　添加图层样式

⑦ 确定操作后的图像效果如图 3-107 所示。

⑧ 输入文字并绘制线段，复制"搜索图标"图层的图层样式，在"Use"图层上粘贴图层样式，效果如图 3-108 所示。

⑨ 使用"矩形工具"  和"钢笔工具" 绘制图形，如图 3-109 所示。

▲ 图 3-107　图像效果

⑩ 重命名图层为"下拉框"，为图层添加"外发光"图层样式，如图 3-110 所示。

⑪ 使用"直线工具" 绘制线条，使用"矩形工具" 绘制矩形，如图 3-111 所示。

▲ 图 3-108　输入文字

▲ 图 3-109　绘制图形

▲ 图 3-110　添加"外发光"图层样式

▲ 图 3-111　绘制线条与矩形

第3章　APP界面中常见元素设计

91

⑫ 使用"横排文字工具"**T**,输入文字,如图 3-112 所示。

⑬ 添加小手图片,完成绘制,如图 3-113 所示。

▲ 图 3-112　输入文字

▲ 图 3-113　完成绘制

3.1.8　列表菜单

列表菜单将多个列表左对齐展示,可以增加向右箭头表明是否还有下级。一般通过漂亮的配色、图标组合来设计,使得菜单更加丰富而美观。

1. 设计思路

本实例绘制的列表菜单的外形为圆角矩形,在圆角矩形中从上到下以列表的方式展示主要与次要信息,次要信息的文字颜色更暗、字号更小。如图 3-114 所示为制作流程。

  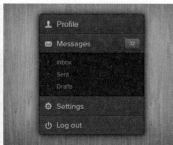

▲ 图 3-114　制作流程

2. 制作步骤

❶ 新建文档,添加素材作为背景。使用"矩形工具"绘制圆角矩形,如图 3-115 所示。

❷ 重命名图层为"底层背景",为图层添加"描边"图层样式,如图 3-116 所示。

▲ 图 3-115　绘制圆角矩形

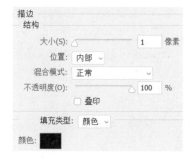

▲ 图 3-116　添加"描边"图层样式

❸ 继续为图层添加"内阴影""外发光"和"投影"样式，如图 3-117 所示。

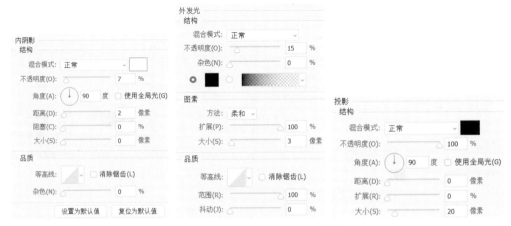

▲ 图 3-117　继续添加图层样式

❹ 确定操作后的效果如图 3-118 所示。

❺ 绘制矩形，创建剪贴蒙版，将矩形转换为智能对象。执行"滤镜"|"杂色"|"添加杂色"命令，在弹出的对话框中设置参数，如图 3-119 所示。

▲ 图 3-118　确定操作后的效果

▲ 图 3-119　设置参数

❻ 按 Ctrl+F 快捷键再次添加杂色，确定操作后的图像效果如图 3-120 所示。

❼ 使用"矩形工具"□绘制圆角矩形，如图 3-121 所示。

▲ 图 3-120　确定操作后的效果

▲ 图 3-121　绘制圆角矩形

❽ 为图层添加"斜面和浮雕""内阴影""渐变叠加"图层样式，如图 3-122 所示。

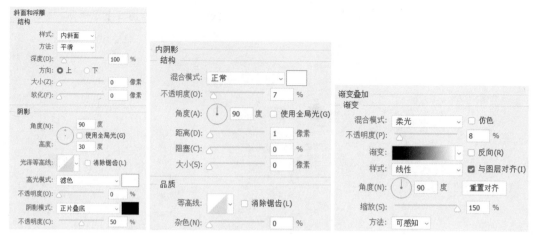

▲ 图 3-122　添加图层样式

❾ 确定操作后的图像效果如图 3-123 所示。

❿ 绘制图形并添加图层样式，效果如图 3-124 所示。添加的图层样式为"颜色叠加""渐变叠加"和"投影"，如图 3-125 所示。

▲ 图 3-123　确定操作后的效果

▲ 图 3-124　绘制图形并添加图层样式

▲ 图 3-125　添加的图层样式

⓫ 输入文字，并为文字图层添加"投影"样式，如图 3-126 所示。

⓬ 确定操作后的图像效果如图 3-127 所示。

⓭ 用同样的方法，绘制图形，输入文字，如图 3-128 所示。

⓮ 继续添加文字，完成制作，如图 3-129 所示。

▲ 图 3-126　添加"投影"样式

▲ 图 3-127　确定操作后的效果

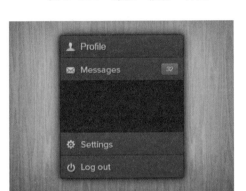

▲ 图 3-128　绘制图形并输入文字

▲ 图 3-129　完成制作

3.2 图标的设计

图标按造型分类可以分为扁平化图标、线性图标、立体图标三类。而扁平化图标又可以细分为常规扁平化、长投影、投影式和渐变式四种。从立体图标中可以细分出立体图标和写实图标。

3.2.1 扁平化图标设计

扁平化是最近几年的流行趋势，在各种 APP 中可以见到很多扁平化图标。

下面对四种扁平化风格图标的绘制进行讲解，分别是常规扁平化、长投影、投影式、渐变式，如图 3-130 所示。

▲ 图 3-130　四种扁平化风格图标

1. 常规扁平化

常规扁平化图标是没有任何修饰的扁平图标，绘制过程十分简单。

❑ **设计思路**

本实例绘制常规扁平化图标，直接使用"矩形工具""椭圆工具"绘制图形即可。如图 3-131 所示为制作流程。

▲ 图 3-131　制作流程

❑ **制作步骤**

❶ 执行"文件"|"新建"命令，新建空白文档，如图 3-132 所示。

❷ 选择"矩形工具" □，在属性栏中设置填充颜色，设置圆角半径为 40 像素，如图 3-133 所示。

▲ 图 3-132　新建空白文档

▲ 图 3-133　设置参数

❸ 单击圆角半径左侧的按钮✿，在展开的列表中单击"固定大小"单选按钮，设置宽、高为 256 像素，如图 3-134 所示。

❹ 在画布中绘制圆角矩形，如图 3-135 所示。

▲ 图 3-134　设置固定大小

▲ 图 3-135　绘制圆角矩形

⑤ 选择"椭圆工具" ◯，设置"固定大小"为 186 像素，如图 3-136 所示。

⑥ 在画布中绘制正圆，如图 3-137 所示。

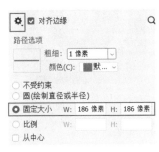

▲ 图 3-136　设置固定大小

▲ 图 3-137　绘制正圆

⑦ 选择两个图层，选择"移动工具" ✛，在属性栏中单击"垂直居中对齐"按钮和"水平居中对齐"按钮，如图 3-138 所示。

⑧ 使用"路径选择工具" ▶ 选择圆，按 Ctrl+C 组合键复制，按 Ctrl+V 组合键粘贴。按 Ctrl+T 组合键进行自由变换，按住 Shift+Alt 组合键按比例缩小 40 像素，如图 3-139 所示。

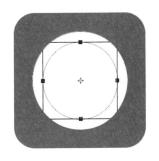

▲ 图 3-138　单击对齐按钮

▲ 图 3-139　复制并缩小图形

⑨ 在"属性"面板中可以进行详细调整，参数为 146 像素，如图 3-140 所示。

⑩ 在属性栏中选择"减去顶层形状"选项，如图 3-141 所示。

▲ 图 3-140　调整参数

▲ 图 3-141　选择"减去顶层形状"选项

⑪ 执行操作后的图形如图 3-142 所示。

⑫ 载入三角形符号。执行"文件"|"打开"命令，定位至配套资源中的"第 3 章 \3.2.1 扁平化图标设计"文件夹，打开"三角形符号 .psd"文件，将符号放置到新建文档中，如图 3-143 所示。

⑬ 按 Ctrl+T 组合键将其旋转 -90 度。然后从标尺中拖出参考线，标记圆的中心，调整三角形的位置，如图 3-144 所示。

▲ 图 3-142　操作后的图形

▲ 图 3-143　导入符号

⓮ 按 Ctrl+; 组合键隐藏参考线，完成效果如图 3-145 所示。

▲ 图 3-144　旋转并调整位置

▲ 图 3-145　完成效果

技巧 💡 选择圆后，按 Ctrl+T 组合键即可看到中心点，然后拖出参考线即可，如图 3-146 所示。

2. 长投影

随着扁平化风格的盛行，长投影风格也很快加入这个行列中。长投影是指在常规扁平化图标上添加一个很长的投影效果。

❑ 设计思路

本实例绘制长投影图标，首先绘制矩形，对矩形旋转后添加锚点，拖动锚点来确定阴影的范围，然后调整图层的"不透明度"创建阴影效果，如图 3-147 所示为制作流程。

▲ 图 3-146　中心点

▲ 图 3-147　制作流程

❑ 制作步骤

❶ 使用"矩形工具"⬜绘制一个填充颜色为黑色（#000000）的矩形，如图 3-148 所示。

② 在"图层"面板中移动矩形到椭圆的下方，如图 3-149 所示。

▲ 图 3-148　绘制矩形

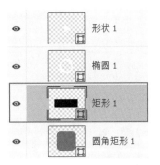

▲ 图 3-149　调整图层顺序

提示　💡 选择图层后，直接上下拖动即可调整图层顺序。

③ 按 Ctrl+T 组合键，然后按住 Shift 键将矩形旋转 45 度，如图 3-150 所示。

④ 在"图层"面板底部单击"添加蒙版"按钮 ▣ ，添加图层蒙版，如图 3-151 所示。

▲ 图 3-150　旋转 45 度

▲ 图 3-151　添加图层蒙版

⑤ 选择"圆角矩形 1"图层，按住 Ctrl 键单击该图层的缩览图，将其载入选区，如图 3-152 所示。

⑥ 按 Ctrl+Shift+I 组合键进行反向选择，如图 3-153 所示。

▲ 图 3-152　载入选区

▲ 图 3-153　反向选择

⑦ 设置背景色为黑色，选择"矩形 1"图层蒙版，按 Ctrl+Delete 组合键填充蒙版，如图 3-154 所示。

⑧ 使用"钢笔工具" ✐ , 单击添加锚点, 如图 3-155 所示。

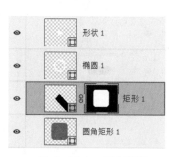

▲ 图 3-154　填充蒙版

▲ 图 3-155　添加锚点

> 提示 💡 也可以选择蒙版后,直接使用"画笔工具" ✐ 在画面中涂抹。

⑨ 按住 Alt 键依次单击矩形顶端的三个锚点, 如图 3-156 所示。

⑩ 按 Ctrl 键拖动锚点的位置, 将多余的黑色部分收到三角形下方, 如图 3-157 所示。

▲ 图 3-156　单击锚点

▲ 图 3-157　拖动锚点的位置

⑪ 在"图层"面板中调整图层的"不透明度"为 20%, 如图 3-158 所示。

⑫ 第一个长投影制作完成的效果如图 3-159 所示。

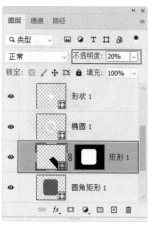

▲ 图 3-158　修改"不透明度"值

▲ 图 3-159　长投影制作完成的效果

⑬ 下面是圆形的长投影制作。同理，先绘制一个矩形，旋转角度，如图 3-160 所示。

⑭ 添加蒙版后，使用"钢笔工具" ✒ 添加三个锚点，然后调整锚点的位置，如图 3-161 所示。

▲ 图 3-160　绘制矩形并旋转

▲ 图 3-161　添加并调整锚点位置

⑮ 调整图层的"不透明度"为 20%，完成长投影图标的绘制，如图 3-162 所示。

3. 投影式

投影式是在常规扁平化的基础上添加一个投影效果。

□ **设计思路**

本实例通过对常规扁平化图标添加"投影"图层样式，实现投影效果，如图 3-163 所示为制作流程。

▲ 图 3-162　完成绘制

▲ 图 3-163　制作流程

□ **制作步骤**

❶ 在常规扁平化图标的基础上，选择圆角矩形图层，单击"图层"面板底部的"添加图层样式"按钮，在打开的列表中选择"投影"选项，如图 3-164 所示。

❷ 打开对话框，设置"投影"参数，如图 3-165 所示。

❸ 单击"确定"按钮，图像效果如图 3-166 所示。

❹ 选择该图层，单击鼠标右键，执行"拷贝图层样式"命令，如图 3-167 所示。

▲ 图 3-164　选择"投影"选项

▲ 图 3-165　设置"投影"参数

▲ 图 3-166　图像效果

▲ 图 3-167　执行"拷贝图层样式"命令

❺ 选择圆和三角形所在的图层，单击鼠标右键，执行"粘贴图层样式"命令，如图 3-168 所示。

❻ 完成投影效果的制作，如图 3-169 所示。

▲ 图 3-168　执行"粘贴图层样式"命令

▲ 图 3-169　完成效果

4. 渐变式

渐变式是常规扁平化基础上实现渐变的效果，类似于一种折纸的感觉。

❑ **设计思路**

本实例通过添加与删除锚点，添加"渐变叠加"图层样式实现渐变的效果，如图 3-170 所示为制作流程。

▲ 图 3-170 制作流程

□ **制作步骤**

❶ 在常规扁平化图标的基础上，复制圆角矩形，并在"图层"面板上设置填充为 0，如图 3-171 所示。

❷ 选择"钢笔工具" ✐，在圆的路径左右两侧添加两个锚点，如图 3-172 所示。

▲ 图 3-171 设置"填充"为 0

▲ 图 3-172 添加两个锚点

❸ 在工具箱中选择"直接选择工具" ▷，如图 3-173 所示。

❹ 框选下半部分，如图 3-174 所示。

▲ 图 3-173 选择"直接选择工具"

▲ 图 3-174 框选下半部分

❺ 按 Delete 键删除选中的锚点，如图 3-175 所示。

❻ 双击该图层，在打开的对话框中设置"渐变叠加"图层样式，如图 3-176 所示。

❼ 单击"确定"按钮，效果如图 3-177 所示。

❽ 选择底层的圆角矩形，同样添加"渐变叠加"图层样式，如图 3-178 所示。

▲ 图 3-175　删除锚点

▲ 图 3-176　设置"渐变叠加"图层样式

▲ 图 3-177　显示效果

▲ 图 3-178　添加"渐变叠加"图层样式

❾ 单击"确定"按钮，完成效果如图 3-179 所示。

▲ 图 3-179　完成效果

3.2.2　线性图标设计

线性图标一般作为 APP 界面中的功能性或示意性图标，如图 3-180 所示。它比拟物化图标简单很多，但却很实用，特别适用于扁平化设计。

- 尺寸规格：一般线条为 2px，如图 3-181 所示，也有加强为 3px 的，如图 3-182 所示。
- 风格：线条简单，图形指示意义明确。

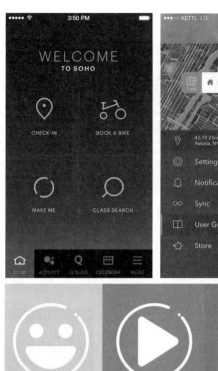
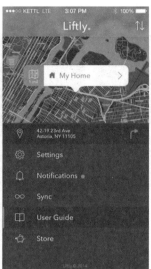

▲ 图 3-180　线性图标

▲ 图 3-181　2px 线性图标

▲ 图 3-182　3px 线性图标

线性图标主要有两种绘制方法，下面分别进行介绍。

1. 形状绘制法

形状绘制法就是直接使用绘图工具绘制图标。

❑ **设计思路**

使用绘图工具绘制形状，设置"描边"样式的颜色和宽度参数，不设置填充色，即可绘制线性图标。如图 3-183 所示为制作流程。

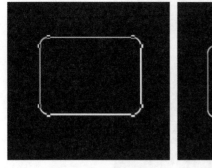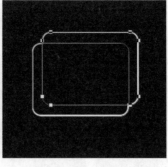

▲ 图 3-183　制作流程

☐ **制作步骤**

❶ 选择"矩形工具"█，在属性栏中设置填充为"无"，描边为 2 像素，如图 3-184 所示。

❷ 在画布中绘制圆角矩形，如图 3-185 所示。

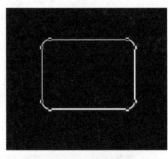

▲ 图 3-184　设置参数　　　　　　　　　　　　　　　　▲ 图 3-185　绘制圆角矩形

❸ 按 Ctrl+J 组合键复制图层，并调整图形的位置，如图 3-186 所示。

❹ 使用"路径选择工具"▶ 框选左下角的四个锚点，按 Delete 键删除，如图 3-187 所示。

❺ 使用"椭圆工具"◯ 绘制正圆，如图 3-188 所示。

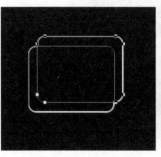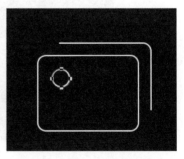

▲ 图 3-186　复制并调整位置　　　▲ 图 3-187　删除锚点　　　▲ 图 3-188　绘制正圆

❻ 选择"钢笔工具"✍，设置属性栏参数，如图 3-189 所示。

❼ 在画布中绘制图形，如图 3-190 所示。

提示　💡 使用"路径选择工具"▶ 选择图形，在属性栏中单击"设置形状描边类型"按钮，在展开的列表中设置端点为"圆形"，如图 3-191 所示。设置角点为"圆形"，如图 3-192 所示。

▲ 图 3-190　绘制图形

▲ 图 3-189　设置属性栏参数

▲ 图 3-191　设置端点

▲ 图 3-192　设置角点

2. 路径操作法

下面介绍路径操作法。这里为了方便读者阅读，将原本为 2px 宽的线性图标放大绘制。

□ 设计思路

本实例通过绘制图形，并对图形执行"路径操作"，完成图标的绘制。如图 3-193 所示为制作流程。

▲ 图 3-193　制作流程

□ 制作步骤

❶ 绘制一个圆角矩形，如图 3-194 所示。

❷ 按 Ctrl+C 组合键复制，按 Ctrl+V 组合键粘贴，并将复制的矩形缩小，如图 3-195 所示。

❸ 选择"路径选择工具" ▶，在属性栏中单击"路径操作"按钮，在展开的下拉列表中选择"减去顶层形状"选项，如图 3-196 所示。

▲ 图 3-194　绘制圆角矩形　　▲ 图 3-195　复制矩形　　▲ 图 3-196　选择"减去顶层
　　　　　　　　　　　　　　　　　并缩小　　　　　　　　　　　形状"选项

❹ 操作后形成了外框，如图 3-197 所示。

❺ 使用"矩形工具" ▭ 在上方绘制矩形，在属性栏中选择"减去顶层形状"选项，效果如图 3-198 所示。

❻ 再次绘制矩形，在属性栏中选择"合并形状"选项，如图 3-199 所示。

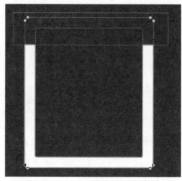

▲ 图 3-197　外框效果　　▲ 图 3-198　绘制矩形的效果　　▲ 图 3-199　选择"合并
　　　　　　　　　　　　　　　　　　　　　　　　　　　　　　　形状"选项

❼ 此时的图像效果如图 3-200 所示。

❽ 选择所有形状，在属性栏中单击"路径对齐方式"按钮，在下拉列表中选择"水平居中"选项，如图 3-201 所示。

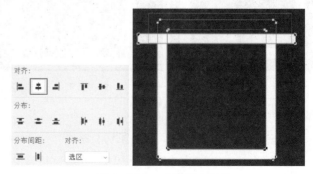

▲ 图 3-200　图像效果　　　　　▲ 图 3-201　水平居中对齐

⑨ 使用"矩形工具"□绘制圆角矩形，如图 3-202 所示。

⑩ 将圆角矩形与其下面的图形进行对齐操作，如图 3-203 所示。

▲ 图 3-202　绘制圆角矩形

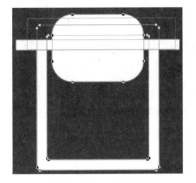

▲ 图 3-203　对齐效果

⑪ 绘制一个圆角矩形，然后在属性栏中选择"减去顶层形状"选项，如图 3-204 所示。

⑫ 在下方绘制一个矩形，选择"减去顶层形状"选项，效果如图 3-205 所示。

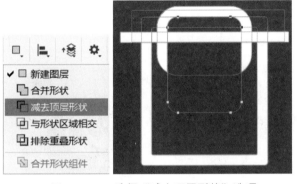

▲ 图 3-204　选择"减去顶层形状"选项

▲ 图 3-205　减去顶层形状的效果

⑬ 绘制矩形，并复制两个，选择三个矩形，设置对齐方式为"垂直居中"，如图 3-206 所示。

⑭ 将矩形移动到合适的位置，完成绘制，如图 3-207 所示。

▲ 图 3-206　绘制矩形并"垂直居中"对齐

▲ 图 3-207　完成绘制

提示 　用同样的方法可以绘制其他线性图标，如图 3-208 所示。

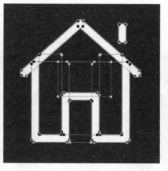
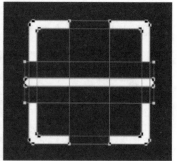

▲ 图 3-208　绘制其他线性图标

3.2.3　立体图标设计

立体图标不同于扁平化和线性图标，立体图标的绘制更为复杂，一般作为 APP 的应用图标。

1. 设计思路

本实例制作相机立体图标，通过添加图层样式实现相机的立体效果，通过图形的复制、调整实现相机镜头的层次感，如图 3-209 所示为制作流程。

▲ 图 3-209　制作流程

2. 制作步骤

❶ 新建文档，为背景图层填充渐变色。使用"矩形工具" <svg></svg> 绘制圆角矩形，如图 3-210 所示。

❷ 重命名图层为"底层"，为图层添加"斜面和浮雕""内阴影"样式，如图 3-211 所示。

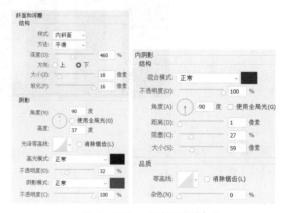

▲ 图 3-210　绘制圆角矩形　　　　　　　▲ 图 3-211　添加图层样式

❸ 继续为图层添加"内发光""光泽""渐变叠加"样式，如图 3-212 所示。

▲ 图 3-212　继续添加图层样式

❹ 确定操作后的图像效果如图 3-213 所示。

❺ 复制图层，重命名图层为"发光"，清除图层样式，为其添加"内发光"样式，如图 3-214 所示。创建新组"底"，选择两个图层，拖入组内。

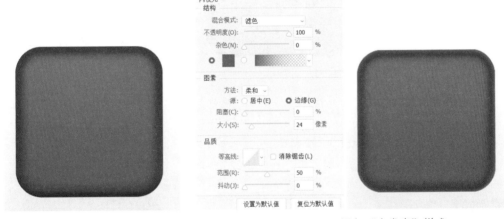

▲ 图 3-213　图像效果　　　　　　▲ 图 3-214　添加"内发光"样式

❻ 新建图层，使用"画笔工具" ✐在矩形上涂抹高光，设置图层的混合模式为"叠加"，"不透明度"为 74%，效果如图 3-215 所示。

❼ 新建图层，继续使用"画笔工具" ✐涂抹，设置图层"不透明度"为 20%。将新建的两个图层选中，并创建组，为组添加蒙版，填充黑色，按住 Ctrl 键单击矩形图层的缩览图，回到蒙版中，填充白色。

❽ 使用"椭圆工具" ◯绘制正圆，如图 3-216 所示。

❾ 设置图层"填充"为 0，为图层添加"外发光"样式，如图 3-217 所示。

❿ 单击"确定"按钮后的图像效果如图 3-218 所示。

▲ 图 3-215　涂抹高光

▲ 图 3-216　绘制正圆　　　▲ 图 3-217　添加"外发光"样式　　　▲ 图 3-218　图像效果

⑪ 将其转换为智能对象，为图层添加"渐变叠加"样式，如图 3-219 所示。

⑫ 绘制圆，将该图层向下移动一层，如图 3-220 所示。

▲ 图 3-219　添加"渐变叠加"样式　　　　　　　▲ 图 3-220　绘制圆

⑬ 将其转换为智能对象，并执行"滤镜"|"模糊"|"高斯模糊"命令，弹出对话框，设置参数，如图 3-221 所示。

⑭ 确定后的图像效果如图 3-222 所示。

⑮ 使用"椭圆工具"绘制正圆，如图 3-223 所示。

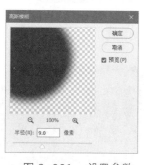

▲ 图 3-221　设置参数　　　　▲ 图 3-222　图像效果　　　　▲ 图 3-223　绘制正圆

⑯ 为图层添加"渐变叠加"和"外发光"样式，如图 3-224 所示。

⑰ 确定后的图像效果如图 3-225 所示。

⑱ 复制图层，将圆缩小一点，双击进入"图层样式"对话框，修改"渐变叠加"参数，如图 3-226 所示，并取消选中"外发光"样式。

⑲ 确定后的效果如图 3-227 所示。

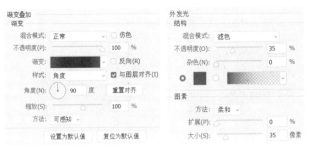

▲ 图 3-224 添加图层样式

▲ 图 3-225 图像效果

▲ 图 3-226 修改"渐变叠加"参数

▲ 图 3-227 确定后的效果

⓴ 再复制一个图层，清除图层样式，双击进入"图层样式"对话框，设置"混合选项"与"描边"参数，如图 3-228 所示。

㉑ 确定后的图像效果如图 3-229 所示。

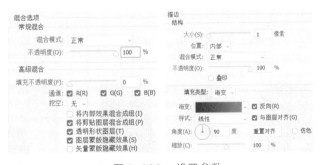

▲ 图 3-228 设置参数

㉒ 使用"椭圆工具" ◯ 绘制正圆，如图 3-230 所示。

㉓ 用同样的方法，依次复制图层设置图层样式，图像效果如图 3-231 所示。

▲ 图 3-229 图像效果

▲ 图 3-230 绘制正圆

▲ 图 3-231　图像效果

㉔ 使用"矩形工具" ▭ 绘制矩形，并复制两个图层，如图 3-232 所示。

㉕ 选择第一个矩形图层，为图层添加"渐变叠加"和"投影"样式，如图 3-233 所示。

▲ 图 3-232　绘制矩形并复制
　　　　　两个图层

▲ 图 3-233　添加图层样式

㉖ 确定操作后的图像效果如图 3-234 所示。

㉗ 用同样的方法，设置另外两个矩形的图层样式，效果如图 3-235 所示。

㉘ 选择三个矩形，将其复制到另一侧，并在"图层样式"对话框中选中"渐变叠加"参数面板中的"反向"复选框，效果如图 3-236 所示。

▲ 图 3-234　图像效果

▲ 图 3-235　其他效果

▲ 图 3-236　复制并修改图层
　　　　　样式效果

㉙ 用前面的方法绘制圆并添加图层样式，效果如图 3-237 所示。

㉚ 使用"钢笔工具" ✐ 绘制图形，如图 3-238 所示。

㉛ 为图层添加图层样式，添加后的效果如图 3-239 所示。

㉜ 使用"矩形工具" ▭ 绘制圆角矩形，如图 3-240 所示。

㉝ 为图层添加图层样式，添加后的效果如图 3-241 所示。

㉞ 继续使用"矩形工具" ▭ 绘制圆角矩形，如图 3-242 所示。

▲ 图 3-237 绘制圆

▲ 图 3-238 绘制图形

▲ 图 3-239 添加图层样式
后的效果

▲ 图 3-240 绘制圆角矩形

▲ 图 3-241 添加图层样式
后的效果

▲ 图 3-242 绘制圆角矩形

㉟ 用同样的方法绘制小镜头，如图 3-243 所示。

㊱ 使用"椭圆工具" ⬭ 和"矩形工具" ▢ 绘制图形，如图 3-244 所示。

㊲ 复制图层，修改颜色并调整位置，如图 3-245 所示。

▲ 图 3-243 绘制小镜头

▲ 图 3-244 绘制图形

▲ 图 3-245 复制图层并调整

㊳ 为图层添加图层样式，效果如图 3-246 所示。

㊴ 复制图层，并调整到右侧，如图 3-247 所示。

㊵ 使用"椭圆工具" ⬭ 绘制圆路径，使用"横排文字工具" T.在路径上输入文字，如图 3-248 所示。

㊶ 为文字图层添加"渐变叠加"图层样式，如图 3-249 所示。

㊷ 单击"确定"按钮完成本实例的绘制，如图 3-250 所示。

▲ 图 3-246　添加图层样式
　　后的效果

▲ 图 3-247　复制并调整

▲ 图 3-248　输入文字

▲ 图 3-249　添加"渐变叠加"图层样式

▲ 图 3-250　完成绘制

3.3　设计师心得

3.3.1　让按钮更吸引人的方法

按钮的作用就是通过点击后实现界面的操作。下面介绍使按钮吸引人点击的方法。

1. 对比突出

利用不同的色彩、形状、字体等，赋予按钮独特的视觉效果，使它们能与界面中的其他元素清晰地区分开，如图 3-251 所示。

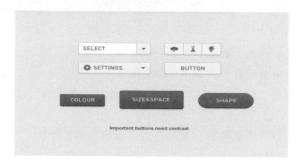

▲ 图 3-251　突出按钮视觉效果

2．使用圆形或不规则图形

如果一个界面中有很多圆形的 UI 元素，不妨在按钮设计中采用类似的设计，当然，也可以对形状做相应的调整。这样可以让按钮与界面形成一定的对比，充分彰显按钮自身的独特性。

3．描边颜色的一致性

人们见到的大多数按钮都或多或少地使用了描边效果。一般来说，如果设计的按钮比背景色更暗，那么应使用暗色的描边效果，其色调要与按钮的颜色一致。反之，如果背景色比按钮色暗，则应使用与背景色一致，但略微偏暗的色调作为按钮的描边色。否则，按钮效果很可能给人一种"有点脏"的感觉，如图 3-252 所示。

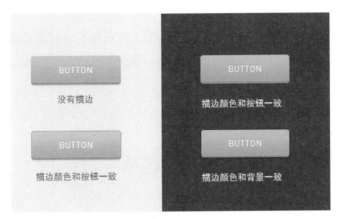

▲ 图 3-252　描边颜色的一致性

4．慎用阴影效果

当某个元素的色调比背景亮时，使用阴影有最佳效果。相反，当某个元素的色调比背景色暗时，使用阴影效果就要慎重，如图 3-253 所示。

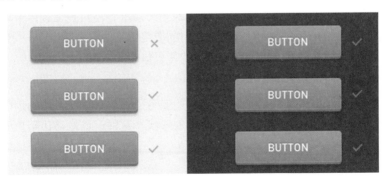

▲ 图 3-253　慎用阴影效果

5．小图标，大不同

要想把按钮与其他形状接近的 UI 元素区分开，使用"指示箭头"这样简洁微小的图标往往能起到意想不到的作用。

例如，一个指向右边的箭头图标可能会让用户觉得，点击它会离开页面或打开一个新页面；一个指向下方的箭头则可能会给用户这样的信息，点击它可以打开一个下拉菜单或查看隐藏的内容，如图 3-254 所示。

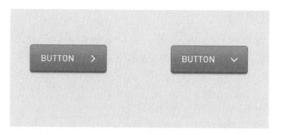

▲ 图 3-254　不同的箭头图标表达的信息不同

6. 让按钮主次分明

如果界面需要展示很多选项和功能，那么使用不同的视觉效果为按钮划分级别就显得尤为必要。

最重要的按钮应使用最强烈、最鲜艳的色彩，其他按钮应按重要程度逐渐削弱色彩效果。在其他方面也一样，对于二级、三级按钮，应该在大小和特效等方面做相应调整，如图 3-255 所示。

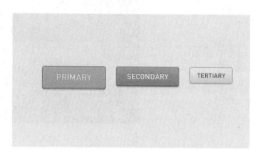

▲ 图 3-255　主次分明

3.3.2　如何设计优秀的应用图标

在通常情况下，应用的图标是用户对应用的第一印象。当用户在应用市场中看到应用的图标时，他们就会根据看到的图标来推测应用的使用体验。如果图标看上去优美精致，用户就会下意识地认为这个应用也能够带来优秀的使用体验。

1. 形状独特

如图 3-256 所示，四个图标各不相同，有的使用了大量的颜色，有的使用了梯度颜色。但是它们都有一个共同点，那就是使用了简单的形状。这种设计能够让用户立即记住这个应用。

▲ 图 3-256　形状独特的图标

2．谨慎选择颜色

要限制应用颜色的色调。使用 1~2 个色调的颜色就足够了。色调过多的图标不容易吸引用户。

3．避免使用照片

不要在图标设计中使用照片。如图 3-257 所示，直接使用酒杯的照片作为应用图标，会给用户简陋的感觉。在经过设计后，一种优雅感会让用户对这个应用产生兴趣。

▲ 图 3-257　避免使用照片

4．不用使用太多文字

有不少设计者为了让用户看到自己的 APP 应用软件，会在图标上添加文字让用户知道应用的名字，但是设计者要明白，图标在手机设备上会变得很小，有时会看不清楚图标上的文字，只会让用户有不好的体验。应用图标上最后只放 Logo，而不要将应用的全称添加进去。如图 3-258 所示，这些应用文字的图标设计，如果将应用名称添加到图标中，会给人一种凌乱的感觉。

▲ 图 3-258　应用文字的图标设计

5．准确传递信息

简单来说，要让用户看到图标就能知道它是干什么的。通过图标的颜色、图形、图标所表现的质感都可以准确判断出 APP 的用途，如图 3-259 所示。

▲ 图 3-259　准确传递信息

6. 富有创意

　　富有创意的图标可以在众多的应用图标中脱颖而出，创意并不是天马行空，而是要从实际生活中寻找，并在图标中表现出来，如图 3-260 所示。

▲ 图 3-260　富有创意

第 **4** 章
常见界面构图与设计

在介绍界面设计制作之前，本章将介绍界面的构图，对常见的构图进行分析，有助于界面的设计与制作。

4.1 界面构图

构图就是在有限的画面中，将各种元素进行合理的布局和安排，使图形和文字在画面中产生最优视觉效果。

4.1.1 九宫格网格构图

人们最常见的九宫格构图是手机的解锁界面，如图 4-1 所示。这种版式主要运用在以分类为主的一级页面，起到功能分类的作用。

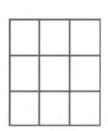

▲ 图 4-1　九宫格构图

通常在界面设计中，设计者会利用网格在界面进行布局，根据水平方向和垂直方向划分辅助线，设计会进行得非常顺利。在界面设计中，九宫格这种类型的构图更为规范和常用，用户在使用过程中非常方便，应用功能会显得格外明确和突出，如图 4-2 所示。

▲ 图 4-2　九宫格界面设计

九宫格给用户一目了然的感觉，操作便捷是这种构图方式最重要的优势。

在分配九个方块的时候，不一定要一个格子对应一个内容，也可以一对二、一对多，打破平均分割的框框，增加留白，调整页面节奏，或突出功能点或广告。各个方块的不同组成方式，使页面的效果也产生了多种变化，如图4-3所示。

▲ 图4-3　变化的九宫格

4.1.2　圆心点放射状构图

圆是有圆心的，在界面中，往往通过构造一个大圆来起到聚焦、凸显的作用。

放射状的构图，有凸显位于中间内容或功能点的作用。在强调核心功能点的时候，可以试着将功能以圆形的范式排布到中间，以当前主要功能点为中心，将其他的按钮或内容放射编排。

将主要的功能设置在版式的中间位置，就能引导用户的视线聚集在想要突出的功能点上，即使视线本来不在中间的位置，也能引导用户再次回到中心的聚集处，如图4-4所示。

▲ 图4-4　圆心点放射形构图

在界面设计中，圆形的运用能使界面显得格外生动，多数可操作的按钮上或交互式动画中都能见到圆形的身影。

因为圆形具有灵动、活跃、有趣、可爱、多变的特质。在界面设计中，将圆形的设计与动画相结合，能让整个软件鲜活起来。

界面中的圆形能集中用户的视线，引导点击操作，突出主要的功能点或数据，把产品核心展现出来，如图 4-5 所示。

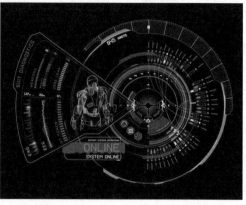

▲ 图 4-5　界面中的圆形

如果要体现的功能点非常简单，只有几个功能按钮的时候，可以尝试大圆的展示设计，突出最重要的功能，然后罗列并排出其他的功能点。这种方式非常实用，就和划重点一样，圈出最重要的数据。善于运用大圆构图，能撑起整个画面，让界面圆润而饱满，如图 4-6 所示。

▲ 图 4-6　大圆的展示设计

4.1.3　三角形构图

这类的构图方式主要运用在文字与图标的版式中，能让界面保持平衡稳定。从上至下式的三角形构图，能把信息层级罗列得更为规整和明确。

在界面中，三角形构图大部分都是图在上，字在下，阅读更为舒服，有重点有描述。

如图 4-7 所示，登录页在设计中将 Logo 作为图形部分，输入框就是产品的核心描述。

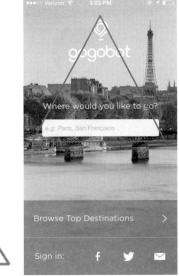

▲ 图 4-7　三角形构图

个人信息页常用三角形构图。头像明确了这个页面的内容，而下面的粉丝等数据就是对本人的描述和介绍，如图 4-8 所示。

▲ 图 4-8　三角形构图

图 4-9 所示的是儿童卫士宝贝信息设置页面运用了三角构图与圆形构图。将体重刻度做成可滑动操作的方式，而卡通形象突出了设置的对象及这个页面的功能。

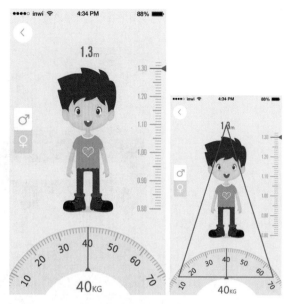

▲ 图 4-9　三角构图与圆形构图的结合

4.1.4　S、F 形构图

在进行界面设计的时候，对用户的视觉移动方向的预设是非常重要的。在界面中加入更为顺畅的引导用户视线移动的元素，就能使用户更多地观察到产品的核心和产品的卖点。

视线流动的轨迹多是从上至下或从左到右，如果不能围绕这样的视线轨迹进行排版，用户在阅读的时候会变得很吃力，找不到重点。所以在界面设计中应格外注意这个地方。现在界面一般是上下滑动的，做好视线引导，可以大大减小用户的阅读负担和视觉疲劳。

1. S 形构图

界面设计中最基础的是 S 形视线构图，如图 4-10 所示。

在界面中怎么运用 S 形视线构图呢？关键是如何运用好 S 形视线来抓住用户的眼球。

首先看一下视线的轨迹，在视线转角处视觉轨迹最为密集，浏览视线更为集中在切换的地方，视线转折的地方停留时间最长，如图 4-11 所示。所以应该把想要突出的产品或功能放在这块，这样更容易让用户记住产品的卖点。

此外，为了引导视线的移动方向，图片的处理也非常讲究。如图 4-12 所示，第一张图片用到了三角形构图，第一屏手机的展开方向与视线保持一致，强化了引导视线轨迹的指示性。同时多张图片借助手机排列方向引导到视线轨迹，很好地实现了图片—文字—图片之间的切换，将用户带入整个产品画面中。

为了使用户阅读更有推进性，在图片层次和空间上，设计者也需要注重用户的视线效果，将焦点调整到合理的视线位置，产品正面方向对准视线的来源点。通过这些调整不仅能使阅读顺畅，更加强了界面的平衡性。

相比于左右构图，S 形构图在上下滚动页面上优势非常明显。左右构图很容易让人疲劳，而 S 形则将图片和文字完美结合在一起，配以大量的留白，如同山间的溪流，给人轻快流畅的感觉，如图 4-13 所示。

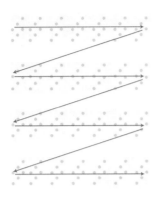

▲ 图 4-10　S 形视线构图

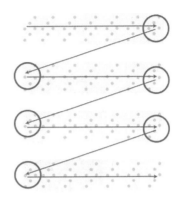

▲ 图 4-11　视线转折处

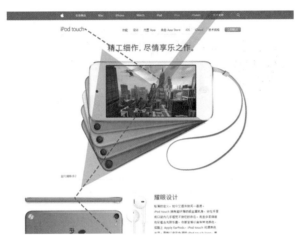

▲ 图 4-12　构图 1

▲ 图 4-13　构图 2

在如图 4-14 所示界面中，设计师很好地运用了 S 形视线构图，增强了穿插感和灵动性。

人物的信息上下穿插布局，头像则成为视线的转折点，使这种双栏模式的排版更有节奏。而具体到每一部分，头像与内容采用了三角形构图，内容描述段落采用文本居中式，画面稳定、和谐。

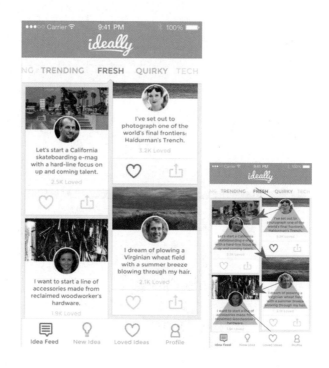

▲ 图 4-14　S 形构图

在引导页中也常常会用到 S 形的构图。图文进行穿插布局，这样的构图层次感分明，动感十足，如图 4-15 所示。

▲ 图 4-15　引导页

2. F 形构图

由图文版式布局，还可以演变出 F 形构图，这种类型的构图大部分运用在图文左右搭配图和 Banner 中，如图 4-16 所示。使用 F 形构图能让图文搭配更有张力，更大气，产品信息更为简单和明确。

▲ 图 4-16　图文左右搭配图

在 F 形构图的规律中，主图为 F 的主干，右侧两行（或两部分）文字为辅，要注意合理分配图片和文字的占比，如图 4-17 所示。

▲ 图 4-17　F 形构图

F 形构图在 Banner 中使用，能将标题更为突出，主题更加吸引视线，如图 4-18 所示。

▲ 图 4-18　Banner 中的 F 形构图

值得注意的是，要充分利用主图画面的指向性。比如，若主图是人物，可将文字放置于其眼神、朝向、手势等对应的方向，加强视线引导；如果是产品图，则可以通过产品的朝向来引导。这样做，用户能最快速地关注到文本信息，提升认知度和购买度，如图 4-19 所示。

4.2 常见界面设计

一款 APP 由多个界面组成，常见的界面有启动界面、引导界面、登录界面、注册界面、主界面、设置界面、空状态界面等。

4.2.1 启动界面 / 引导界面

APP 程序的开启画面分为两种：第一种是前面介绍的启动界面，第二种就是引导界面。

1. 启动界面

启动应用程序后，进入主功能界面前会有一张图片或一段动画效果，停留数秒钟后消失。这张图片或这段动画效果被称为应用的启动画面。由于启动画面停留的时间很短，就像闪现的效果一样，所以也有人把启动画面称为闪屏。启动界面对 APP 来说非常重要，简洁的 3~5 个界面可以传递给用户 APP 更新的重要功能、引导用户体验、重大活动推出等。

启动界面像是应用的一道门，在使用前给用户一个预示，它通常包含图标、版本号、加载进度等信息。设计者可以根据产品风格随意发挥，与图标呼应，强化产品的印象。

下面介绍启动界面的展现方式。

- 直接用百分比数字或者进度条告知用户正在进入中，这类界面目前已不常见。
- 品牌信息传递：由 Logo、标语、产品主色、版本号、出品团队、合作伙伴构成的静态图片简单，突出主题，一般会铺满屏幕，如图 4-20 所示。
- 与应用内部页面浑然一体：这一类型的启动页使用仿造界面的方式，给用户一种已经进入 APP 的假象。
- 情感故事共鸣：通过图片来表达一个场景或联想到一个跟主题相关的故事。建立与用户使用情境匹配的场景，让用户对引导的功能点感同身受，如图 4-21 所示。

- 动态效果：利用淡出或开门等转场效果，完成过渡。

▲ 图 4-20　品牌信息传递

▲ 图 4-21　情感故事共鸣

在设计启动界面时，应避免显示无关内容，尽可能让启动画面变得简洁而有意义，毕竟只有首次打开 APP 的那么几秒钟时间；对于用户来说，他们希望立即体验应用程序而不是欣赏一些无用信息。比如植入广告，就是非常讨厌的行为，同时也是失败的设计。

2. 引导界面

APP 的引导界面，类似于一个简洁的产品说明书，其主要目的是向用户展示该 APP 的核心功能及用法，如图 4-22 所示，一般出现在用户安装 APP 后首次打开的时候。欢迎界面一般为 2~5 屏的全屏静态图，左右滑动进行翻页，有跳过按钮；新功能指示及操作引导一般用蒙版加箭头指引的形式完成。

一个优秀的 APP 引导页，能够迅速地抓住 APP 用户的眼球，让他们快速了解 APP 的价值和功能，起到很好的引导作用。目前来说，APP 引导页设计并不是每一个 APP 的必备设计界面。因为一款 APP 是否需要引导页，取决于它的出发点或用途。

▲ 图 4-22　引导界面

引导界面按展现方式分为两种：一种是透明的动画浮层，告知用户如何操作；另一种是类似于订阅的功能，以及让用户进行内容选择，在选择操作后才开始体验，如图 4-23 所示，常见于各种新闻资讯客户端。

第一种应用最多，又可以细分为功能介绍型、情感带入型、趣味搞笑型三类。

❏ **功能介绍型**

从整体上采取平铺直叙型的方式介绍 APP 的功能，帮助用户大体上了解 APP 的概况。用户浏览 APP 界面的时间不会超过 3 秒钟，在这宝贵的 3 秒钟里，需要用通俗易懂的文案和界面呈现，突出重点。

▲ 图 4-23　用户选择

- 插图与重点文字相结合：使用简单的文字与简易的插图表示主题，如图 4-24 所示。
- 简短的文字＋该功能的界面截图：如图 4-25 所示，这种方式能较为直观地传达产品的主要功能，缺点在与过于模式化，显得千篇一律。

▲ 图 4-24　插图与重点文字相结合

▲ 图 4-25 简短的文字 + 该功能的界面截图

- APP 上下滑动：与左右滑动不同，通过上下滑动来展示线路、轨迹，如图 4-26 所示。

▲ 图 4-26 APP 上下滑动

- APP 动态效果与音乐、视频融合的表现方式：除了之前静态的展示方式之外，APP 也可以采用一些优美的动态效果，比如页面间切换的方式，当前页面的动态效果展示，还可以加入音乐、微视频等。
- 使用说明：在打开界面后，以半透明的背景＋文字直接进行说明，如图 4-27 所示。

▲ 图 4-27　使用说明

❑ **情感带入型**

通过文案和配图，引导用户思考 APP 的价值，把用户的需求通过某种情感表现出来，更加形象化、生动化、立体化，让用户有种惊喜感。

- 文字与插图的组合：这种方式是目前常见的形式之一。插图多具象，以使用卡通人物、场景、照片或者玻璃大背景为主，来表现文字内容。这样设计出来的引导界面视觉冲击力很强，如图 4-28 所示。

▲ 图 4-28　文字与插图的组合

- 讲故事型：通过多页来讲一个串联的故事。一步抛出一个需要告知的点，循序渐进地解说，如图 4-29 所示。可以只围绕一个功能点来讲故事，也可以将多个功能点串联起来，形成一个完整的故事。由于每次抛出一个告知点，因此大多会采用聚焦的设计手法，把视觉注意力吸引到每个告知点上。讲故事的主要目的是希望构建用户与产品之间的联系。

▲ 图 4-29　讲故事型

❑ **趣味搞笑型**

综合运用拟人化、交互表达方式，通过扮角色、讲故事，根据目标用户特点来选择，让用户身临其境，最后使用户心情愉悦，这种类型的阅读量最高，如图 4-30 所示。

▲ 图 4-30 趣味搞笑型

4.2.2 登录界面

账号登录在各大 APP 中都已经普遍存在了，登录界面一般包括用户名、密码、操作按钮、密码帮助、注册选项等信息，很多应用还会添加用户头像。

1. 设计思路

本实例制作的登录界面，以简单的注册信息为主要内容，体现简洁的界面风格，背景为简约的插图，登录按钮为对比鲜明的蓝紫色，十分突出。如图 4-31 所示为制作流程。

▲ 图 4-31 制作流程

2. 制作步骤

❶ 启动 Photoshop 软件，执行"文件"|"新建"命令，在"新建文档"对话框中，设置"宽度"为 750 像素，"高度"为 1330 像素，"分辨率"为 72 像素/英寸，其他参数保持默认值。

单击"创建"按钮新建文档。执行"文件"|"存储"命令，选择存储路径，重命名文档为"登录界面"，保存到计算机中。

❷ 载入背景。执行"文件"|"打开"命令，定位至配套资源中的"第4章\4.2.2登录界面"文件夹，打开"背景.jpg"文件，将其放置在页面中，并调整大小，如图4-32所示。

❸ 选择"矩形工具" ▢，选择"形状"，在"属性"面板中设置"形状宽度"为600像素，"形状高度"为909像素，圆角半径为50像素，填充白色（#ffffff），绘制矩形，效果如图4-33所示。

▲ 图4-32　载入背景

▲ 图4-33　绘制白色矩形

❹ 继续选择"矩形工具" ▢，选择"形状"，在"属性"面板中设置"形状宽度"为505像素，"形状高度"为102像素，圆角半径为51像素，填充为"无"，描边为浅灰色（#d1d1d1），效果如图4-34所示。

❺ 选择上一步骤绘制的矩形，按住Alt键向下移动复制，更改矩形的填充颜色为深紫色（#3a1f85），如图4-35所示。

▲ 图4-34　绘制矩形

▲ 图4-35　复制矩形

❻ 双击矩形图层，打开"图层样式"对话框。选择"渐变叠加"图层样式，设置参数后为矩形添加渐变效果，如图4-36所示。

▲ 图 4-36　为矩形添加渐变效果

❼ 载入图标。执行"文件"|"打开"命令，定位至配套资源中的"第 4 章\4.2.2 登录界面"文件夹，打开"素材 .psd"文件，选择图标将其放置在页面中，并调整大小和位置，如图 4-37 所示。

❽ 选择"横排文字工具" T.，在页面中输入说明文字，绘制效果如图 4-38 所示。

❾ 选择"矩形工具" ，选择"形状"，在"属性"面板中设置"形状宽度"为 163 像素，"形状高度"为 1.2 像素，圆角半径为 0 像素，填充灰色（#a2a2a2），在"第三方账户登录"文字两侧绘制矩形，效果如图 4-39 所示。

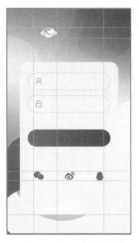

▲ 图 4-37　载入图标　　　▲ 图 4-38　输入文字　　　▲ 图 4-39　绘制矩形

4.2.3　设置界面

设置界面在 APP 中应用得也很多，主要用于设置各项参数，用户可以根据自己的习惯设置。

❑ 设计思路

本实例制作的设置界面中用线性图标标示主要设置项，使用列表形式列出设置的内容，简洁明了。如图 4-40 所示为制作流程。

▲ 图 4-40 制作流程

❏ **制作步骤**

❶ 新建文档，使用"矩形工具" ▢ 绘制圆角矩形，如图 4-41 所示。

❷ 为图层添加"内阴影"和"渐变叠加"样式，如图 4-42 所示。

▲ 图 4-41 绘制圆角矩形　　　　　▲ 图 4-42 添加图层样式

❸ 确定操作后的图像效果如图 4-43 所示。

❹ 使用"横排文字工具" T 输入文字，并为图层添加"投影"样式，如图 4-44 所示。

❺ 确定后的文字效果如图 4-45 所示。

❻ 拷贝图层样式。绘制图形并输入文字，为文字图层粘贴图层样式，如图 4-46 所示。

❼ 设置形状图层的填充为 0，为图层添加"内阴影"样式，如图 4-47 所示。

❽ 继续为图层添加"内发光""渐变叠加""投影"样式，如图 4-48 所示。

▲ 图 4-43　图像效果　　　▲ 图 4-44　添加"投影"样式　　　▲ 图 4-45　文字效果

▲ 图 4-46　绘制图形并输入文字　　　　　　▲ 图 4-47　添加"内阴影"样式

▲ 图 4-48　继续添加图层样式

❾ 单击"确定"按钮后的图像效果如图 4-49 所示。

❿ 使用"直线工具" ╱ 绘制线条并复制多个，绘制矩形，对线条进行对齐和排列，如图 4-50 所示。

▲ 图 4-49　确定后的图像效果　　　　　　▲ 图 4-50　绘制线条和矩形

⓫ 使用"矩形工具"□绘制圆角矩形，并复制多个，分别修改颜色，如图4-51所示。

⓬ 使用多种绘图工具绘制图标，并使用"横排文字工具"T，输入文字，如图4-52所示。

▲ 图 4-51　绘制圆角矩形

▲ 图 4-52　绘制图形并输入文字

⓭ 继续输入文字，并使用"直线工具"绘制箭头，如图4-53所示。

⓮ 使用"矩形工具"□绘制圆角矩形，如图4-54所示。

▲ 图 4-53　绘制箭头

▲ 图 4-54　绘制圆角矩形

⓯ 为图层添加"斜面和浮雕""内阴影""颜色叠加""投影"样式，如图4-55所示。

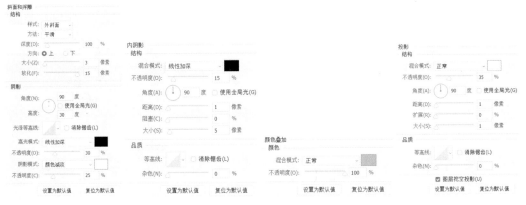

▲ 图 4-55　添加图层样式

⑯ 确定后的图像效果如图 4-56 所示。

⑰ 使用"椭圆工具"   绘制正圆，如图 4-57 所示。

▲ 图 4-56　图像效果　　　　　　　▲ 图 4-57　绘制正圆

⑱ 为图层添加"描边""渐变叠加""投影"图层样式，如图 4-58 所示。

▲ 图 4-58　添加图层样式

⑲ 确定后的图像效果如图 4-59 所示。

⑳ 复制图层，在图层上单击鼠标右键，执行"转换为智能对象"命令，然后设置图层的"填充"为 0。

㉑ 为图层添加"渐变叠加"图层样式，如图 4-60 所示。

▲ 图 4-59　图像效果　　　　　　　▲ 图 4-60　添加"渐变叠加"图层样式

㉒ 执行"滤镜"|"模糊"|"高斯模糊"命令，在弹出的对话框中设置参数，如图 4-61 所示。

㉓ 执行"滤镜"|"模糊"|"动感模糊"命令，在弹出的对话框中设置参数，如图 4-62 所示。

㉔ 确定后的图像效果如图 4-63 所示。

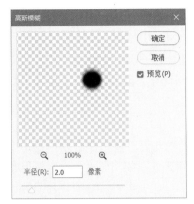 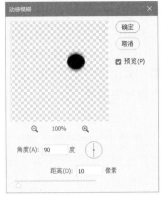 

▲ 图 4-61　设置高斯模糊参数　　▲ 图 4-62　设置动感模糊参数　　▲ 图 4-63　图像效果

㉕ 将三个图层选中，单击鼠标右键，执行"从图层建立组"命令。将组复制两个，调整位置，并将副本 1 的圆向右移动，如图 4-64 所示。

㉖ 双击副本 1 中的圆角矩形，打开"图层样式"对话框，修改"渐变叠加"和"外发光"样式，如图 4-65 所示。

▲ 图 4-64　复制并移动　　　　　　　▲ 图 4-65　修改图层样式

㉗ 单击"确定"按钮完成设置界面的绘制，如图 4-66 所示。

▲ 图 4-66　完成绘制效果

4.2.4 空状态界面

"空状态"是指移动应用界面在没有内容或数据时呈现出的状态，也称零数据状态。空状态通常会在初次使用、完成或清空内容、软件出错等情境下出现。

从产品体验的角度来说，空状态大体可以由三类情况触发：产品初次使用，用户清空数据，出错、失败。从体验的角度来说，如果空状态设计足够优秀，可以提升用户体验，具有引导性、愉悦性，并使得用户留存率增加。

1. 产品初次使用

如果用户下载了应用并完成了注册，那么这几乎可以代表他们已经知道这款产品是做什么用的了，但未必清楚具体怎样使用。对于某些类型的应用来说，初次登录是没有任何数据内容的，这也正是充分利用界面空间为用户提供新手指引的好机会。你可以告诉用户为什么当前没有内容、怎样创建或获取内容。在这个环节中，不妨试着融入一些能够体现产品个性的情感化元素，这可以使用户进入一种较为轻松的上手状态，激发他们积极正面的情感，同时也能给他们留下不错的第一印象。

在初次体验流程中，空状态的首要目标就是引导用户，帮助他们快速了解首要功能和操作方式，避免一上手就产生迷茫无助的负面情绪。

通过初次体验流程中的空状态界面告知用户会发生什么，可以帮助他们建立预期。当然，很多时候APP引导页就是用来做这个的，但现实是用户通常会不耐烦地跳过引导页，即便有心去看，也难以在真正进入APP环境之前记住各种特色功能和操作。所以，强烈建议设计者将初次使用的空状态视为产品初次体验中的一个重要组成部分来看待。

好的空状态设计可以体现以下几个方面的信息。

- 是什么：对界面中的功能或信息进行描述。
- 在哪里：告诉用户他现在位于体验流程的起点或其他特定的位置。
- 何时：暗示用户内容的循环机制，让他们知道怎样的行为会产生内容。

通常可以通过两种方式传达这些信息，要么是言简意赅的文案，要么是通过示例内容告知用户这里产生了数据之后会是怎样的形式，为其建立更直观的预期。不管哪种方式，都要提供必要的引导信息，让用户知道要达到这样的内容状态需要以怎样的操作开始，如图4-67所示。

▲ 图4-67 空状态界面

2．用户清空数据

用户使用这款 APP 是否会频繁地清空数据？如果是的话，进行相应的设计，甚至可以准备一些不同的空状态内容来随机展示。这样的情况有很多种具有创意的 APP 设计，比如邮件 APP 设计，如图 4-68 所示。

▲ 图 4-68　用户清空数据

3．出错、失败

"出错"多数是因网络连接中断引起的。可以试着在这种情况下提供一些更有用的或者更具亲和力的内容，通过设计弱化用户的负面感受，降低他们对不好状况的感知。让用户在非常规用例中看到自己设计，他们就会感知到当前的状况是在可预计范围之内的，从而放松心情，如图 4-69 所示。

▲ 图 4-69　出错、失败

4.3 设计师心得

4.3.1 APP 引导界面设计注意事项

下面介绍 APP 引导界面设计注意事项。

1. 引导语句必须简短,聚焦重点

在移动情境中,人机会话时间更加有限,注意力更容易分散。人类的短期记忆难以保存太多的内容,信息在 20 秒左右的时间后就会开始被遗忘。因此,相比于在一个当前页面中一次性展示 UI 的详细说明,不如一次聚焦在一两个要点上。减少说明的焦点可以使用户将注意力放在最重要的说明上。一次展示的说明越少,用户越有可能去阅读并记忆下来。

同时设计师也要学会挑选合适的时机,为用户提供最重要的引导提示,一次一个,使他们更容易理解和明白。

也要避免接连不断地展示引导信息,这样不仅会产生短期加重记忆负担的问题,而且会让新用户觉得应用过于复杂,望而生畏。

如果需要展示引导的内容太多,可以概括分成几个步骤来引导,简化这些文字。

精准贴切的文案也十分重要,最好将专业的术语转换成用户听得懂的语言。尤其对于通过照片来表现主题的引导页设计,文案与照片的吻合度,会直接影响情感传达的效果,如图 4-70 所示。

▲ 图 4-70　文案与照片吻合

2. 尽量使用图形元素

众所周知,图形相对于文字更容易记忆和了解。最合理的方式是:"恰当的图形元素 + 简短的文字",并整合到一个展示层面上。

这种方式既有利于用户阅读,也可以使多步骤的流程更直观、易懂、易记忆,值得推荐。

另外，设计者应尽量采用简单易懂、形象具体的图标，避免让人产生歧义。

3. 避免与实际 UI 混淆

使"引导"提示的外观与界面元素的外观有着明确的区分，避免"引导"提示在用户的操作过程中产生干扰。

为了区分"引导"提示与界面元素，最简单的方式是使用不同的字体。

进行 APP 的"引导"提示设计时，应尽可能地保持简短。以图文并茂的方式提供最易阅读的内容，避免复杂的提示。

4. 视觉聚焦

在单个引导页中，信息不宜过多，只阐述一个内容，所有元素都围绕这个内容展开。视觉聚焦包括两部分，一是文案的处理，要注意层次，主标题与副标题要有对比；二是引导页要有一个视觉焦点，聚焦点的视觉面积最大，同时与扩散的元素形成对比，如图 4-71 所示。

▲ 图 4-71 视觉聚焦

5. 富于情感化

- 文案具象化：通过元素、场景来辅助文案表达，也可以采用写实、半写实的方式进行表现。以天猫 APP 为例，通过商场、店铺实际场景的描绘，渲染轻松、欢快的购物过程，如图 4-72 所示。

- 页面动效、页面间交互方式的差异化：利用页面动效，包括放大、缩小、平移、滚动、弹跳，表现形式更加多样化，会让引导页更有趣，注意力更为集中。

- 切换页面的方式除了传统的卡片式左右滑动外，可以结合线条、箭头等进行引导，通常会配合动态效果。例如网易新闻客户端、印象笔记，它们在引导页的设计上采用了线条作为主线贯穿整个引导页，小圆点显示当前的浏览进度，滑动的过程中富有动感，如图 4-73 所示。

▲ 图 4-72　文案具象化

▲ 图 4-73　趣味引导

6．与产品基调相一致

　　引导页在视觉风格与氛围的营造上要与产品、公司形象相一致。产品的特性决定了引导页的风格，产品是消费类、娱乐类、工具类还是其他类，根据不同的产品特性决定了引导页是走轻松娱乐、小清新路线，还是采用规整、趣味性的风格，在最终的表现形式上也就会有完全不同的展现。例如，淘宝的娱乐、豆瓣的清新文艺、百度的工具、蝉游记的休闲等，通过对比就能发现它们在引导页设计上的差异。这样一方面有利于产品一脉相承，与产品使用体验相一致；另一方面也会进一步强化公司形象，如图 4-74 所示。

　　例如网易彩票，引导页的主色选用了与网易自身的红色相一致的颜色，与公司产品在系统性上保持高度一致，如图 4-75 所示。

▲ 图 4-74　与产品基调相一致

▲ 图 4-75　网易彩票

　　总之，要想做好引导页的设计，在理解用户对引导页需求的基础上，应怀揣热爱产品的情怀，依靠精致的布局，巧妙的构思，贴切的氛围渲染，再加一点点特色。当然光掌握理论是不够的，还需要设计师在具体的设计中不断实践、总结，探索出别具一格的引导页设计。

4.3.2　界面布局的基本原则

　　一个 APP 是否好用，很大部分取决于移动 APP 界面布局的合理性。如图 4-76 所示为 APP 最原始的布局模型。

　　如图 4-77 所示为移动 APP 经典布局界面。

　　界面布局就是对界面的文字、图形或表格进行排布、设计，如图 4-78 所示。优秀的布局，需要对界面信息进行整体规划。既要考虑用户需求、用户行为，也要考虑信息发布者的目的、目标。

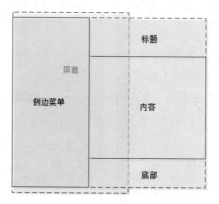

▲ 图 4-76　APP 最原始的布局模型

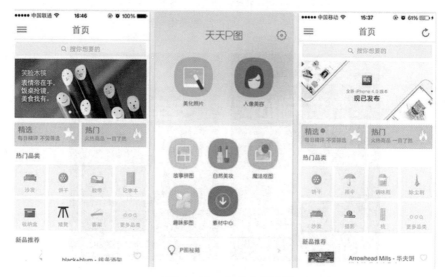

▲ 图 4-77　经典布局界面

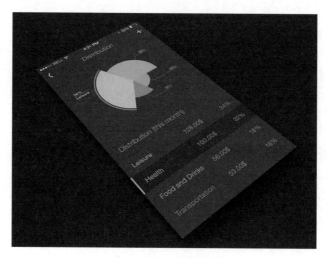

▲ 图 4-78　界面布局

对用户行为的迎合和引导，有一些既有原则和方法，具体如下。

- 公司／组织的图标（Logo）在所有界面都处于同一位置。
- 用户需要的所有数据内容均按先后次序合理显示。
- 所有的重要选项都要在主页显示。
- 重要条目要始终显示。
- 重要条目要显示在界面顶端的中间位置。
- 必要的信息要一直显示。
- 消息、提示、通知等信息均出现在屏幕上目光容易到达的地方。
- 确保主界面看起来像主界面（使主界面有别于其他二三级界面）。
- 主界面的长度不宜过长。
- APP 的导航尽量采用底部导航的方式。菜单数目以 4~5 个最佳。
- 每个 APP 界面长度要适当。
- 在长界面上使用可点击的"内容列表"。
- 专门的导航界面要短小（避免滚屏，以便用户一眼能浏览到所有的导航信息，有全局观）。
- 优先使用分页（而非滚屏）。
- 滚屏不宜太多（最长四个整屏）。
- 需要仔细阅读理解文字时，应使用滚屏（而非分页）。
- 为框架提供标题。
- 注意主界面中各板块的宽度。
- 将一级导航放置在左侧面板。
- 避免水平滚屏。
- 文本区域的周围是否有足够的间隔。
- 各条目是否合理分类于各逻辑区，并运用标题将各区域进行清晰划分。

以上 APP 界面布局原则可以保证界面在布局方面最基本的可用性，非常适合 APP 设计新手使用。

第 **5** 章
游戏类 APP UI 设计

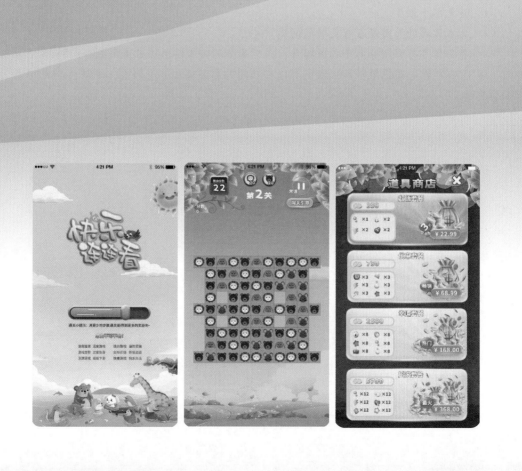

游戏类 APP 在整个 APP 市场中，毋庸置疑是最受欢迎的，不管是来自工作还是生活的压力，在游戏过程中都能在一定程度上得以释放。尤其是以"让玩家在休息和闲暇时间放松的游戏"为目的的休闲类游戏，高居 APP 下载排行榜的前几名。

在本章中，介绍游戏类 APP 界面的制作方法，效果如图 5-1 所示。

▲ 图 5-1　界面效果

5.1 ▾ 设计准备与规划

设计者要设计的对象是一个整体，因此，为了保证设计的统一性与连贯性，设计者在设计前期要根据设计对象进行一些准备以及大体的风格规划设计。

5.1.1　素材准备

本案例是设计一款休闲游戏 APP 的界面，根据该游戏的特点以及消费群体，在设计前，需要在互联网上收集一些卡通形象、可爱的扁平化装饰物等素材作为参考，如图 5-2 所示，并且在后期的设计中也可以用来丰富游戏 APP 界面。

▲ 图 5-2　参考素材

5.1.2　界面布局规划

根据游戏本身的特点，需要设计出一个手机游戏启动界面和三个不同功能的单屏游戏界面。根据游戏 UI 设计规范，在设计前，先对这四个界面进行大致的画面布局与界面分隔，具体如图 5-3 所示。

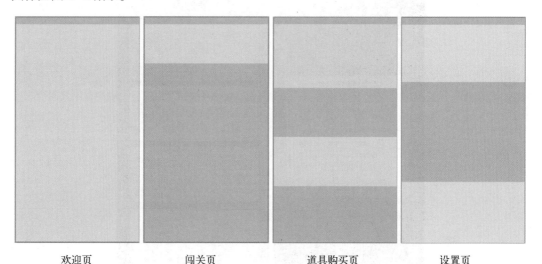

欢迎页　　　　　　　　闯关页　　　　　　　　道具购买页　　　　　　　　设置页

▲ 图 5-3　界面布局规划

5.1.3　确定风格与配色

本案例是一款休闲游戏，它的消费群体大多为儿童和女性，因此主色调应该选择一些较为明亮、可爱、活泼的元素，以及能吸引消费者的颜色。所以，在本案例的风格与配色上，选择黄色、蓝色以及绿色，添加清爽的场景底纹以避免纯色背景形成呆板的感觉，如图 5-4 所示，让游戏界面能够更加有趣、丰富，使游戏用户能够在娱乐中心情愉悦。

▲ 图 5-4 配色参考

5.2 界面制作

在前期做了大量的准备工作后，现在开始制作这款休闲游戏的各个界面。在整个游戏界面的设计中，选取类似背景和底纹，统一而简约，包括一个欢迎界面以及三个游戏界面，具体的制作方法介绍如下。

5.2.1 欢迎页

欢迎页是用户在打开游戏程序后看到的第一个界面，同时也会给用户留下第一印象，因此这个界面的设计尤为重要，不仅要简单明了，还要引起用户的兴趣。

1. 设计思路

本界面首先采用半透明天空设计，使得界面干净并耐看；然后借助富有趣味的插画、活泼的游戏主题文字等制造出让人眼前一亮的感觉。如图 5-5 所示为制作流程。

▲ 图 5-5 制作流程

2. 制作步骤

❶ 启动 Photoshop 软件，执行"文件"|"新建"命令，在"新建文档"对话框中，设置"宽度"为 750 像素，"高度"为 1330 像素，"分辨率"为 72 像素 / 英寸，其他参数保持默认值。单击"创建"按钮新建文档。执行"文件"|"存储"命令，选择存储路径，重命名文档为"欢

迎页"，保存到计算机中。

②将鼠标指针置于标尺上，待指针显示为↖形状时，按住鼠标左键不放，向绘图区内拖动鼠标，即可创建参考线，如图5-6所示。

③载入状态栏。执行"文件"|"打开"命令，定位至配套资源中的"第5章\5.2.1欢迎页"文件夹，打开"状态栏.psd"文件，将状态栏放置在界面的上方并调整大小，如图5-7所示。

▲ 图5-6 创建参考线　　　　　　　　▲ 图5-7 载入状态栏

④载入插画。执行"文件"|"打开"命令，定位至配套资源中的"第5章\5.2.1欢迎页"文件夹，打开插画，将其放置在画布的下方，并调整其大小，效果如图5-8所示。

⑤选择插画图层，单击"图层"面板下方的"添加图层蒙版"按钮▢，为图层添加蒙版。选择"画笔工具"✏，将"前景色"设置为黑色▣，使用"柔边缘"画笔在蒙版中涂抹，模糊插画的边缘，如图5-9所示。

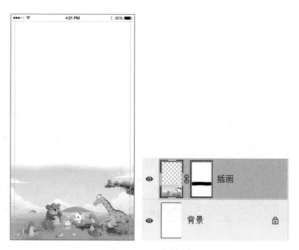

▲ 图5-8 载入插画　　　　　　　　▲ 图5-9 涂抹效果

⑥新建"天空"图层，选择"画笔工具"✏，将"前景色"设置为蓝色▢（#9cdbfe），在图层上涂抹，覆盖插画的空白区域，模拟蓝天效果，如图5-10所示。

⑦载入元素。执行"文件"|"打开"命令，定位至配套资源中的"第5章\5.2.1欢迎页"

文件夹，打开太阳、云朵元素，将其放置在画布中，并调整其大小，效果如图 5-11 所示。

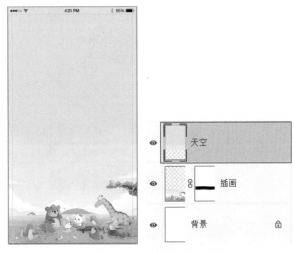

▲ 图 5-10　绘制蓝天背景　　　　　　　　　▲ 图 5-11　载入元素

⑧ 选择"横排文字工具" **T** ，在界面中输入标题文字，绘制效果如图 5-12 所示。

⑨ 双击文字图层，打开"图层样式"对话框，选择"斜面和浮雕""投影""渐变叠加""描边"选项，并设置参数，如图 5-13 所示。

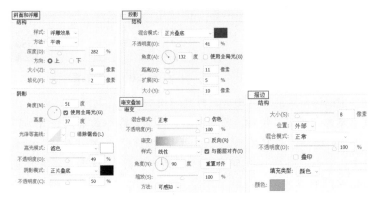

▲ 图 5-12　输入文字　　　　　　　　　　▲ 图 5-13　设置图层样式

 提示　"快乐连连看"文本所使用的字体为"字心坊小呀小布丁"，请读者自行到网络上下载、安装、使用。

⑩ 为标题文字添加样式的效果如图 5-14 所示。

⑪ 载入元素。执行"文件"|"打开"命令，定位至配套资源中的"第 5 章 \5.2.1 欢迎页"文件夹，打开小鸟元素，将其放置在标题文字之上，并调整其大小、位置，效果如图 5-15 所示。

⑫ 绘制进度条。选择"矩形工具" ▭ ，选择"形状"，在"属性"面板中设置"形状宽度"为 430 像素，"形状高度"为 70 像素，圆角半径为 35 像素，填充渐变色，参数设置与绘制效果如图 5-16 所示。

▲ 图 5-14　添加样式的效果

▲ 图 5-15　载入小鸟元素

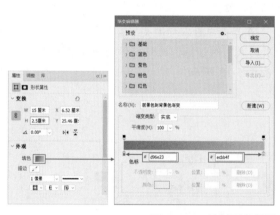

▲ 图 5-16　绘制圆角矩形

⑬ 双击圆角矩形图层，打开"图层样式"对话框，选择"斜面和浮雕"选项，设置参数后单击"确定"按钮，为矩形添加斜面和浮雕效果，如图 5-17 所示。

⑭ 选择"矩形工具"□，选择"形状"，在"属性"面板中设置"形状宽度"为 413 像素，"形状高度"为 56 像素，圆角半径为 28 像素，填充褐色（# 924016），绘制矩形，如图 5-18 所示。

▲ 图 5-17　添加"斜面和浮雕"效果

▲ 图 5-18　绘制矩形

⑮ 双击矩形图层，在"图层样式"对话框中选择"内阴影"选项，设置参数后为矩形添加内阴影，如图5-19所示。

▲ 图5-19　添加"内阴影"效果

⑯ 选择"矩形工具"▢，选择"形状"，在"属性"面板中设置"形状宽度"为9.3像素，"形状高度"为263像素，圆角半径为47像素，填充渐变色，参数设置与绘制效果如图5-20所示。

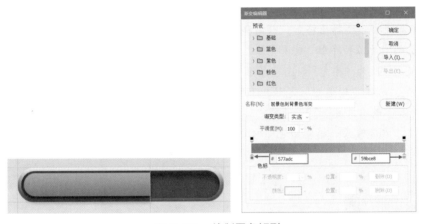

▲ 图5-20　绘制圆角矩形

> 提示　上一步骤所绘制的矩形，需要删除右侧部分。可以直接利用"橡皮擦工具"🖊擦除，也可以在添加"图层蒙版"后利用"画笔工具"🖊擦除。

⑰ 绘制滑块。选择"矩形工具"▢，选择"形状"，在"属性"面板中设置"形状宽度"为50像素，"形状高度"为78像素，圆角半径为25像素，填充渐变色，参数设置与绘制效果如图5-21所示。

▲ 图5-21　绘制滑块

⑱ 双击矩形图层，打开"图层样式"对话框，选择"斜面和浮雕"选项，设置参数后为矩形添加斜面和浮雕效果，如图 5-22 所示。

▲ 图 5-22　添加"斜面和浮雕"效果

⑲ 添加光影。选择已添加"斜面和浮雕"效果的圆角矩形，按 Ctrl+J 组合键复制一份，将复制图层的"斜面和浮雕"效果删除，更改颜色为白色（#ffffff），在"图层"面板中将"图层的混合模式"改为"柔光"。为图层添加图层蒙版，将"前景色"设置为黑色█，选择"画笔工具" ✐，选择"硬边圆"笔触，在蒙版中涂抹，模拟光影的效果，如图 5-23 所示。

⑳ 选择"椭圆工具" ◯，选择"形状"，在"属性"面板中设置"形状宽度"为 5 像素，"形状高度"为 2 像素，填充白色（#ffffff），如图 5-24 所示。

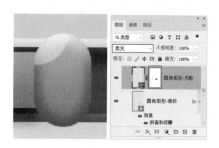

▲ 图 5-23　添加光影

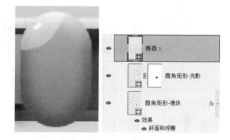

▲ 图 5-24　绘制椭圆

㉑ 为滑块添加阴影。选择"钢笔工具" ✐，在属性栏中选择"形状"，设置填充黑色（#000000），在滑块的下方绘制形状，如图 5-25 所示。

㉒ 在"图层"面板中将"图层的混合模式"改为"正片叠底"，"不透明度"改为 21%，效果如图 5-26 所示。

▲ 图 5-25　绘制形状

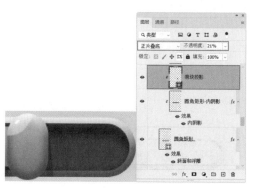

▲ 图 5-26　设置参数

㉓ 选择"矩形工具"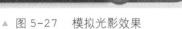与"椭圆工具"⬭，在进度条上绘制白色（#ffffff）形状，模拟光影效果，如图5-27所示。

㉔ 选择"横排文字工具"T，在进度条的下方输入说明文字，绘制效果如图5-28所示。

▲ 图5-27　模拟光影效果

▲ 图5-28　绘制说明文字

5.2.2　闯关页

游戏的闯关界面以蓝天绿地为背景，绿叶为点缀，在配色方面应与整体色调相协调。游戏的主要元素布置在页面中，需要注意元素的大小、间隔等。

1．设计思路

参考欢迎页，闯关页在以蓝天绿地为背景的同时，还要添加底纹，底纹的"不透明度"，以不影响背景的显示为前提。相关元素可以从网络上下载，也可以自行绘制。本节介绍其中一些元素的绘制方法。

为了能得到丰富的显示效果，可以为图形添加各种样式，如投影、内阴影、描边等。制作过程如图5-29所示。

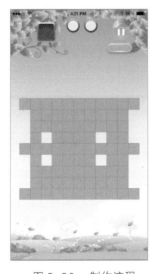

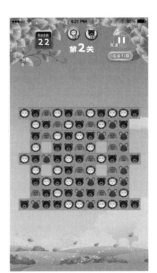

▲ 图5-29　制作流程

2. 制作步骤

① 复制一份"欢迎页.psd"文件，删除多余的图层，保留状态栏，整理效果如图 5-30 所示。

② 载入背景插画。执行"文件"|"打开"命令，定位至配套资源中的"第 5 章 \5.2.2 闯关页"文件夹，打开背景插画，并调整其大小，效果如图 5-31 所示。

▲ 图 5-30　整理图层

▲ 图 5-31　添加背景插画

③ 选择"矩形工具" ，选择"形状"，在"属性"面板中设置"形状宽度"为 61 像素，"形状高度"为 61 像素，圆角半径为 0 像素，填充浅灰色（#9f9f9f），描边设置为深灰色（#565555），绘制矩形，效果如图 5-32 所示。

④ 选择上一步骤绘制的矩形，按住 Alt 键移动复制，效果如图 5-33 所示。

▲ 图 5-32　绘制矩形

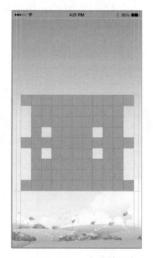

▲ 图 5-33　复制矩形

⑤ 绘制"剩余步数"按钮。选择"矩形工具" ，选择"形状"，在"属性"面板中设置"形状宽度"为 97 像素，"形状高度"为 97 像素，圆角半径为 11 像素，填充渐变色，参数设置与绘制效果如图 5-34 所示。

⑥ 双击矩形图层，打开"图层样式"对话框，选择"斜面和浮雕"选项，设置参数后

单击"确定"按钮，为矩形添加效果，如图5-35所示。

▲ 图 5-34　绘制渐变矩形

⑦ 选择"矩形工具" ▢ ，选择"形状"，在"属性"面板中设置"形状宽度"为84像素，"形状高度"为84像素，圆角半径为9像素，填充红色（#a53c18），绘制矩形，如图5-36所示。

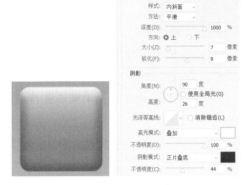

▲ 图 5-35　添加效果　　　　　　　　　　　▲ 图 5-36　绘制矩形

⑧ 双击矩形图层，打开"图层样式"对话框，选择"内阴影"选项，设置参数，为矩形添加内阴影效果，如图5-37所示。

⑨ 选择"钢笔工具" ✐ ，在属性栏中选择"形状"，填充黑色（#000000），在滑块的下方绘制形状，如图5-38所示。

▲ 图 5-37　添加内阴影　　　　　　　　　　▲ 图 5-38　绘制形状

⑩ 选择形状图层，将图层的混合模式设置为"正片叠底"，修改"不透明度"为24%，如图5-39所示。

▲ 图 5-39　设置图层属性

⑪　复制在第 7 步骤绘制的矩形，将其移动至下方，修改颜色为灰蓝色（#43667f），如图 5-40 所示。

⑫　选择矩形复制图层，更改名称为"阴影"。在图层上单击鼠标右键，执行"转换为智能对象"命令，将图层转换为智能对象。执行"滤镜"|"模糊"|"高斯模糊"命令，打开"高斯模糊"对话框，设置"半径"值为 4.8 像素，效果如图 5-41 所示。

▲ 图 5-40　绘制矩形　　　　　　　　　　　　　　▲ 图 5-41　模拟投影的效果

⑬　绘制图标按钮。选择"椭圆工具"⊘，选择"形状"，在"属性"面板中设置"形状宽度"为 72 像素，"形状高度"为 72 像素，填充渐变色，参数设置与绘制效果如图 5-42 所示。

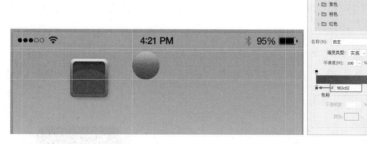

▲ 图 5-42　绘制渐变圆形

⑭　双击圆形图层，打开"图层样式"对话框，选择"斜面和浮雕"选项，设置参数后为圆形添加效果，如图 5-43 所示。

⑮　选择"椭圆工具"⊘，选择"形状"，在"属性"面板中设置"形状宽度"为 59 像素，"形状高度"为 59 像素，填充浅褐色（#fde1c3），绘制效果如图 5-44 所示。

⑯　双击圆形图层，打开"图层样式"对话框，选择"内阴影"选项，设置参数后为圆形添加效果，如图 5-45 所示。

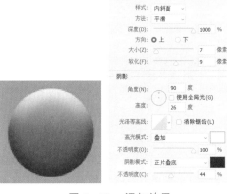

▲ 图 5-43　添加效果　　　　　　　　　　　　　　　　▲ 图 5-44　绘制圆形

㊌　复制在第 15 步骤中绘制的圆形，移动至最下方。参考第 12 步骤中介绍的方法，制作阴影效果，如图 5-46 所示。

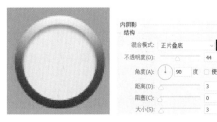

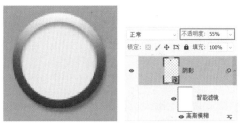

▲ 图 5-45　添加内阴影　　　　　　　　　　　　　　▲ 图 5-46　设置"不透明度"值

㊍　选择绘制完毕的图标按钮，按住 Alt 键，移动复制一份。

㊎　绘制"开始"按钮。选择"椭圆工具" ⬭，选择"形状"，在"属性"面板中设置"形状宽度"为 91 像素，"形状高度"为 91 像素，填充黑色（#000000），绘制效果如图 5-47 所示。

㊏　双击圆形图层，打开"图层样式"对话框，选择"内发光""投影""内阴影"选项，设置参数如图 5-48 所示。

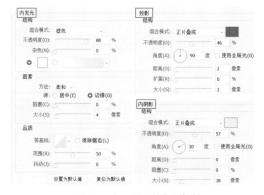

▲ 图 5-47　绘制黑色圆形　　　　　　　　　　　　　▲ 图 5-48　设置样式参数

㊐　选择圆形图层，在"图层"面板中修改"填充"值为 0，如图 5-49 所示。

㊑　新建图层。选择"渐变工具" ▮，将前景色设置为白色 ▯，在属性栏上选择"径向渐变" ◻，拖动鼠标绘制渐变效果，修改图层混合模式为"滤色"，"不透明度"为

16%，如图 5-50 所示。

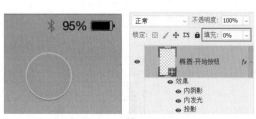

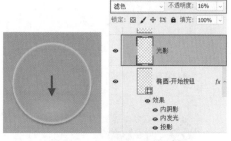

▲ 图 5-49　设置"填充"值　　　　　　　　　▲ 图 5-50　绘制径向渐变效果

㉓ 重复上述操作，先新建图层，再绘制径向渐变效果，同时将图层混合模式设置为"滤色"，并适当地调整"不透明度"，最终效果如图 5-51 所示。

㉔ 选择"矩形工具" 📐，选择"形状"，在"属性"面板中设置"形状宽度"为 11 像素，"形状高度"为 35 像素，圆角半径为 5.5 像素，填充白色（#ffffff），如图 5-52 所示。

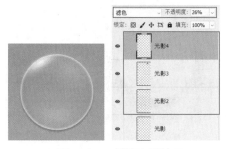

▲ 图 5-51　模拟光影效果　　　　　　　　　▲ 图 5-52　绘制矩形

㉕ 绘制"闯关引导"按钮。选择"矩形工具" 📐，选择"形状"，在"属性"面板中设置"形状宽度"为 134 像素，"形状高度"为 46 像素，圆角半径为 23 像素，填充绿色（#7bc155），效果如图 5-53 所示。

㉖ 复制上一步骤绘制的矩形，更改名称为"圆角矩形 - 效果"。双击矩形图层，打开"图层样式"对话框，设置"内发光""内阴影""投影"参数，如图 5-54 所示。

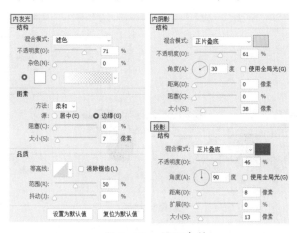

▲ 图 5-53　绘制矩形　　　　　　　　　▲ 图 5-54　设置参数

㉗ 在"图层"面板中将"填充"值更改为 0，为矩形添加效果，如图 5-55 所示。

㉘ 绘制光影效果。选择"矩形工具" ，选择"形状"，参考已有矩形的尺寸，绘制一个白色矩形，并将其置于最上方，如图5-56所示。

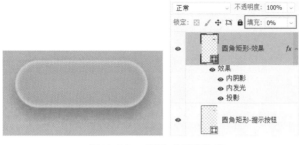

▲ 图5-55　设置"填充"值　　　　　　　　▲ 图5-56　绘制白色矩形

提示　第㉘步绘制的白色矩形主要用来制作光影，尺寸与圆角半径可以自定义，但是不要与已有矩形相差太大。

㉙ 在"图层"面板中单击"添加图层蒙版"按钮，为白色矩形图层添加蒙版。将前景色设置为黑色，选择"画笔工具"，在蒙版上涂抹，删除矩形的多余部分，制作光影效果。最后将图层的"不透明度"设置为28%，效果如图5-57所示。

㉚ 新建图层，命名为"渐变-光影"。选择"渐变工具"，将前景色设置为白色，在属性栏上选择"径向渐变"，拖动鼠标绘制渐变效果，修改图层混合模式为"滤色"，如图5-58所示。

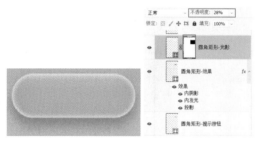

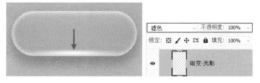

▲ 图5-57　设置"不透明度"　　　　　　　▲ 图5-58　绘制光影

㉛ 选择"钢笔工具"，在属性栏中选择"形状"，填充白色（#ffffff），在矩形上方绘制形状，表示反光效果，如图5-59所示。

㉜ 选择图层，单击鼠标右键，选择"转换为智能对象"命令。执行"滤镜"|"模糊"|"高斯模糊"命令，在"高斯模糊"对话框中设置"半径"值为0.7像素，效果如图5-60所示。

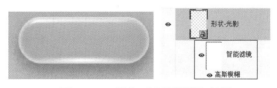

▲ 图5-59　绘制形状　　　　　　　　　　▲ 图5-60　添加"高斯模糊"效果

㉝ 选择"椭圆工具"，选择"形状"，绘制白色（#ffffff）椭圆，模拟反光效果，如图5-61所示。

㉞ 至此，当前的界面效果如图5-62所示。

▲ 图 5-61　绘制椭圆

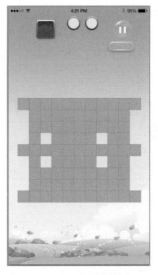

▲ 图 5-62　绘制结果

㉟ 载入绿叶元素。执行"文件"|"打开"命令，定位至配套资源中的"第 5 章\5.2.2 闯关页"文件夹，打开"素材.psd"文件，将绿叶布置在界面的上方。通过复制操作，得到多个绿叶副本。为图层添加图层蒙版，利用画笔涂抹，遮盖不需要的部分，最终的布置效果如图 5-63 所示。

㊱ 载入动物图标。执行"文件"|"打开"命令，定位至配套资源中的"第 5 章\5.2.2 闯关页"文件夹，打开"素材.psd"文件，将其中的动物图标拖动至当前页面中，执行"复制""移动"操作，将图标布置在界面中的合适位置，效果如图 5-64 所示。

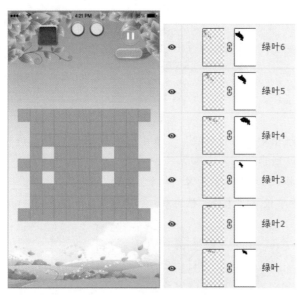

▲ 图 5-63　布置绿叶元素的效果

▲ 图 5-64　载入动物图标

㊲ 选择"横排文字工具"T，在"闯关引导"按钮的上方输入文字。双击文字图层，在"图层样式"对话框中选择"描边"选项，设置参数，为文字添加描边的效果，如图 5-65 所示。

㊳ 重复上述操作，继续输入文字，并为文字添加描边效果，如图 5-66 所示。

▲ 图 5-65　为文字添加描边效果　　　　　　　▲ 图 5-66　绘制文字

㊴ 在背景插画之上新建一个图层，填充黑色（#000000），并将图层的"不透明度"设置为 16%，效果如图 5-67 所示。至此，闯关页绘制完毕。

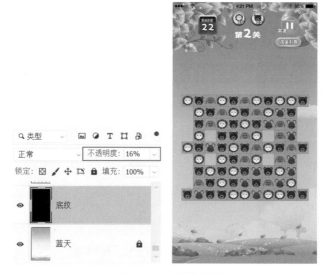

▲ 图 5-67　最终效果

5.2.3　设置页

在设置页中，用户可以自定义在游戏过程中所伴随的音效类型、音量大小以及速度的快慢，还可以选择关卡，或进入商店购买道具。设置页是一个被频繁使用的页面。

1. 设计思路

以闯关页为背景，添加一个深色底纹，在底纹的上方显示设置对话框。以按钮的方式帮助用户进入指定的通道，一目了然，操作简便。在配色的选择上仍旧沿袭前两个界面，以黄色为主，辅以蓝色、白色、褐色点缀。制作流程如图 5-68 所示。

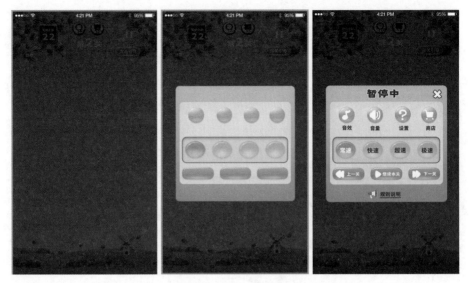

▲ 图 5-68 　制作流程

2. 制作步骤

❶ 复制一份"闯关页 .psd"文件，删除多余的图层，保留状态栏。选择"底纹"图层，修改"不透明度"为 77%。双击状态栏图层，在"图层样式"对话框中选择"颜色叠加"选项，选择白色（#ffffff），修改状态栏的颜色，如图 5-69 所示。

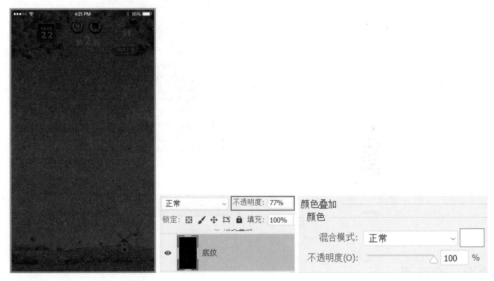

▲ 图 5-69 　整理图层

❷ 选择"矩形工具" ，选择"形状"，在"属性"面板中设置"形状宽度"为 618 像素，"形状高度"为 589 像素，圆角半径为 20 像素，填充渐变色，参数设置与绘制效果如图 5-70 所示。

❸ 选择"矩形工具" ，选择"形状"，在"属性"面板中设置"形状宽度"为 576 像素，"形状高度"为 419 像素，圆角半径为 20 像素，填充浅黄色（#fcdc9e），绘制效果如图 5-71 所示。

▲ 图 5-70　绘制矩形

④　继续选择"矩形工具"□，选择"形状"，在"属性"面板中设置"形状宽度"为 542 像素，"形状高度"为 127 像素，圆角半径为 20 像素，填充黄色（#fbcd69），如图 5-72 所示。

▲ 图 5-71　绘制效果

▲ 图 5-72　绘制矩形

⑤　双击矩形图层，打开"图层样式"对话框，选择"描边""内阴影"选项，设置参数后为矩形添加效果，如图 5-73 所示。

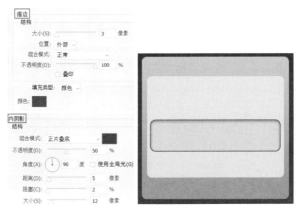

▲ 图 5-73　为矩形添加效果

⑥ 绘制按钮。选择"椭圆工具"，选择"形状"，在"属性"面板中设置"形状宽度"为 101 像素，"形状高度"为 85 像素，填充橘红色（#fe5a00），绘制效果如图 5-74 所示。

⑦ 双击椭圆形图层，打开"图层样式"对话框，选择"内发光""投影"选项，设置参数后为椭圆添加效果，如图 5-75 所示。

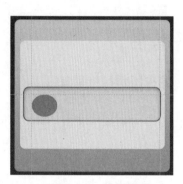

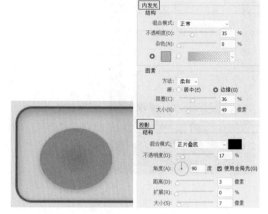

▲ 图 5-74 绘制椭圆

▲ 图 5-75 添加效果

⑧ 新建图层，重命名为"渐变-光影"。选择"渐变工具"，将前景色设置为浅黄色（#ffeb8b），在属性栏上选择"径向渐变"，拖动光标绘制渐变效果，修改图层混合模式为"滤色"，如图 5-76 所示。

⑨ 绘制反光效果。选择"钢笔工具"，在属性栏中选择"形状"，填充白色（#ffffff），在椭圆上方绘制形状，如图 5-77 所示。

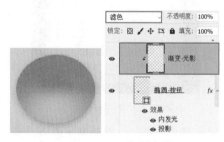

▲ 图 5-76 绘制光影

▲ 图 5-77 绘制形状

⑩ 重命名图层为"反光"。在图层上单击鼠标右键，选择"转换为智能对象"命令。执行"滤镜"|"模糊"|"高斯模糊"命令，在"高斯模糊"对话框中设置"半径"值为 1.6 像素，如图 5-78 所示。

⑪ 选择"椭圆工具"，选择"形状"，绘制白色（#ffffff）椭圆，模拟高光效果，如图 5-79 所示。

▲ 图 5-78 添加"高斯模糊"的效果

▲ 图 5-79 绘制白色椭圆

⑫ 使用相同的方法，继续绘制其他按钮，效果如图 5-80 所示。

⑬ 选择"椭圆工具" ◯ ，选择"形状"，绘制圆形。并参考前面步骤，为圆形添加光影效果，如图 5-81 所示。

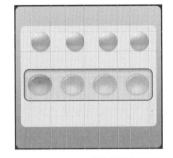

▲ 图 5-80　绘制效果

▲ 图 5-81　绘制圆形按钮

⑭ 选择"矩形工具" ▢ ，选择"形状"，绘制蓝色矩形，并为矩形添加光影效果，如图 5-82 所示。

⑮ 载入图标。执行"文件" | "打开"命令，定位至配套资源中的"第 5 章 \5.2.3 设置页"文件夹，打开"素材 .psd"文件，将其中的图标拖动至当前页面中，并调整大小与位置，如图 5-83 所示。

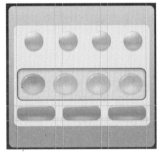

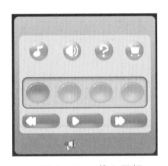

▲ 图 5-82　绘制矩形按钮

▲ 图 5-83　载入图标

⑯ 选择"横排文字工具" T ，在页面中输入文字，如图 5-84 所示。

⑰ 双击文字图层，在"图层样式"对话框中选择"描边"选项，设置参数，为文字添加描边效果，如图 5-85 所示。

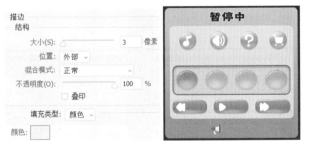

▲ 图 5-84　输入文字

▲ 图 5-85　为文字添加描边效果

⑱ 选择"矩形工具" ▢ ，选择"形状"，绘制褐色矩形，如图 5-86 所示。

⑲ 选择"横排文字工具" T ，继续在页面中输入文字，最终效果如图 5-87 所示。

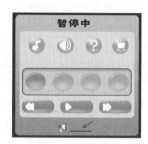

▲ 图 5-86　绘制矩形

▲ 图 5-87　最终效果

5.2.4　道具购买页

在游戏通关过程中，除了依靠玩家娴熟的手法之外，还可以借助游戏提供的道具顺利通关。有些道具可以通过赠送、通关获得，有些道具需要玩家到商店中购买。本节介绍道具购买页的制作方法。

1．设计思路

仍然是提取之前设计的游戏界面中的部分元素作为此界面的底纹背景，在此基础上添加细节，如商品信息，包括道具的类型、价格等。添加多种元素，可以使界面更加活泼生动，富有趣味。制作流程如图 5-88 所示。

▲ 图 5-88　制作流程

2．制作步骤

① 复制一份"设置页 .psd"文件，删除多余的图层，保留状态栏、部分绿叶以及背景，整理效果如图 5-89 所示。

② 载入水果元素。执行"文件"|"打开"命令，定位至配套资源中的"第 5 章\5.2.4 道具购买页"文件夹，打开"素材 .psd"文件，将其中的水果元素拖动至当前页面，并调整位置和大小，如图 5-90 所示。

▲ 图 5-89　整理效果　　　　　　　▲ 图 5-90　添加水果元素

③ 选择"矩形工具"，选择"形状"，在"属性"面板中设置"形状宽度"为 629像素，"形状高度"为 261 像素，圆角半径为 35 像素，填充橙色（#ff9000），绘制矩形，如图 5-91 所示。

④ 双击矩形图层，打开"图层样式"对话框，选择"内阴影""内发光""投影"选项，设置参数，如图 5-92 所示。

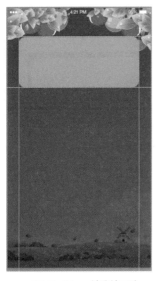 

▲ 图 5-91　绘制矩形　　　　　　　▲ 图 5-92　设置参数

⑤ 单击"确定"按钮，关闭"图层样式"对话框，为矩形添加效果，如图 5-93 所示。

⑥ 新建图层。选择"渐变工具" ，将前景色设置为黄色（#ffba00） ，在属性栏上选择"径向渐变" ，拖动鼠标绘制渐变效果，修改图层混合模式为"滤色"，模拟光影效果，如图 5-94 所示。

▲ 图 5-93　添加效果　　　　　　　　　　▲ 图 5-94　模拟光影效果

⑦ 选择"矩形工具" ，选择"形状"，参考已有矩形的尺寸绘制一个白色（#ffffff）矩形，如图 5-95 所示。

⑧ 在"图层"面板中单击"添加图层蒙版"按钮 ，添加图层蒙版。设置前景色为黑色（#000000） ，选择"渐变工具" ，在属性栏上选择"线性渐变" ，拖动鼠标在蒙版中绘制渐变，制作光影效果，如图 5-96 所示。

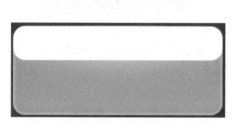 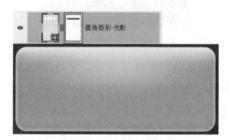

▲ 图 5-95　绘制矩形　　　　　　　　　　▲ 图 5-96　制作光影效果

⑨ 重复上述操作，更改前景色为黄色（#ffea00），新建图层后绘制径向渐变效果，并将图层混合模式更改为"滤色"，创建反光效果，如图 5-97 所示。

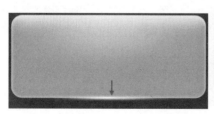 

▲ 图 5-97　创建反光效果

⑩ 继续在矩形的四个角创建反光效果，如图 5-98 所示。

⑪ 向下复制添加效果后的矩形，更改显示颜色，效果如图 5-99 所示。

⑫ 选择"矩形工具" ，选择"形状"，在"属性"面板中设置"形状宽度"为 234 像素，"形状高度"为 44 像素，圆角半径为 20 像素，填充黄色（#fdefa0），如图 5-100 所示。

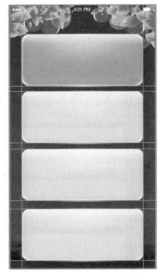

▲ 图 5-98　创建反光效果　　　　　　　　　　▲ 图 5-99　复制矩形

⓭　继续选择"矩形工具" ▢ ，选择"形状"，在"属性"面板中设置"形状宽度"为 234 像素，"形状高度"为 141 像素，圆角半径为 27 像素，填充黄色（#fdefa0），绘制效果如图 5-101 所示。

▲ 图 5-100　绘制矩形　　　　　　　　　　▲ 图 5-101　绘制效果

⓮　双击矩形图层，在"图层样式"对话框中选择"描边""内阴影"选项，设置参数为矩形添加效果，如图 5-102 所示。

▲ 图 5-102　为矩形添加图层样式

⑮ 选择绘制完毕的矩形，向下移动复制，如图 5-103 所示。

⑯ 参考所学的绘制按钮的知识，绘制蓝色价格按钮，如图 5-104 所示。

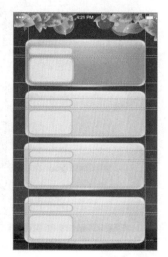

▲ 图 5-103　复制矩形

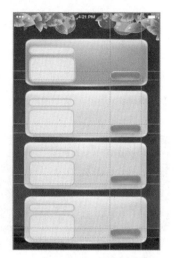

▲ 图 5-104　绘制按钮

⑰ 绘制气泡。选择"椭圆工具" ◯，选择"形状"，在"属性"面板中设置"形状宽度"为 69 像素，"形状高度"为 58 像素，填充红色（#ff2900），绘制效果如图 5-105 所示。

⑱ 双击椭圆图层，打开"图层样式"对话框，为椭圆添加"内阴影""内发光""投影"效果，如图 5-106 所示。

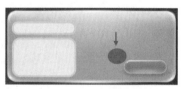

▲ 图 5-105　绘制椭圆

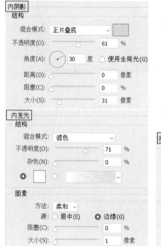

▲ 图 5-106　为椭圆添加图层样式

⑲ 绘制反光。选择"钢笔工具" ✎，在属性栏中选择"形状"，填充白色（#ffffff），在椭圆的上方绘制形状，如图 5-107 所示。

⑳ 选择形状图层，单击鼠标右键，选择"转换为智能对象"命令，将形状转换为智能对象。执行"滤镜"|"模糊"|"高斯模糊"命令，在"高斯模糊"对话框中设置"半径"值为 0.7 像素，最终效果如图 5-108 所示。

㉑ 新建图层，选择"渐变工具" ▨，将前景色设置为白色（#ffffff）▣，在属性栏上

选择"径向渐变" ，拖动鼠标绘制渐变效果，修改"不透明度"为 67%，模拟光影效果如图 5-109 所示。

▲ 图 5-107　绘制形状

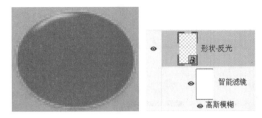

▲ 图 5-108　最终效果

▲ 图 5-109　模拟光影效果

㉒　新建图层，将前景色设置为黄色（#ffba00），选择"渐变工具" 绘制径向渐变效果，修改图层混合模式为"滤色"，"不透明度"为 78%，反光效果如图 5-110 所示。

▲ 图 5-110　模拟反光效果

㉓　选择"椭圆工具" ，选择"形状"，绘制白色椭圆，模拟高光效果，如图 5-111 所示。

㉔　选择"钢笔工具" ，在气泡椭圆的轮廓上单击鼠标左键添加夹点，并调整夹点，绘制一个箭头指向蓝色按钮，如图 5-112 所示。

▲ 图 5-111　模拟高光效果

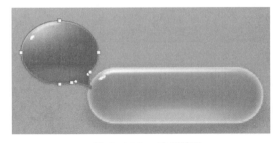

▲ 图 5-112　绘制箭头

㉕　选择绘制完毕的气泡，向下移动复制，如图 5-113 所示。

㉖　载入金币元素。执行"文件"|"打开"命令，定位至配套资源中的"第 5 章 \5.2.4 道具购买页"文件夹，打开"素材 .psd"文件，将其中的金币元素拖动至当前页面，并调整位置和大小，如图 5-114 所示。

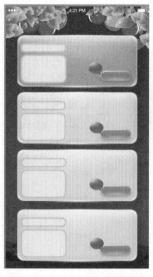

▲ 图 5-113　复制气泡

▲ 图 5-114　添加金币元素

㉗ 重复上述操作，将光线素材添加至当前页面，并调整角度与大小，如图 5-115 所示。

㉘ 继续添加金币、光线元素，最终效果如图 5-116 所示。

▲ 图 5-115　添加光线

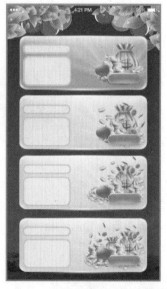

▲ 图 5-116　布置元素的效果

㉙ 添加道具元素。在"素材 .psd"文件中选择道具元素，将其拖动至当前页面，并调整位置和大小，如图 5-117 所示。

㉚ 选择"横排文字工具" T，在页面的上方输入文字，效果如图 5-118 所示。

㉛ 双击文字图层，在"图层样式"对话框中设置"描边""渐变叠加"参数，为文字添加效果，如图 5-119 所示。

㉜ 重复上述操作，继续在页面中输入文字、添加相应的效果，最终效果如图 5-120 所示。

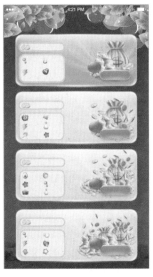

▲ 图 5-117　添加道具元素

▲ 图 5-118　输入文字

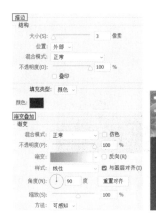

▲ 图 5-119　为文字添加效果

▲ 图 5-120　最终效果

5.3 ▼ 设计师心得

5.3.1　游戏类 APP 设计要想方设法吸引用户

　　无论是哪一领域的设计，在设计过程中都要留意所面向的消费群体。在 APP 设计原则的基础上，根据设计对象的特点，坚持"以人为本"才能设计出优秀的作品，因此设计者要重视用户的体验过程。

　　在体验过程中，界面所带来的视觉冲击力至少要占 70% 的比例，其中设计者首先要对颜色进行合理搭配，要能把握住用户的心理。例如，休闲类游戏与策略类游戏在颜色搭配上就有很大的差异，对于两者的玩家对象，前者大多是儿童和女性，而后者大多数为男性。因此在颜色方面，前者就应以可爱、粉嫩活泼等明朗色调为主，如图 5-121 所示；后者应以沉稳，神秘的冷色调为主，如图 5-122 所示。

▲ 图 5-121　休闲类游戏

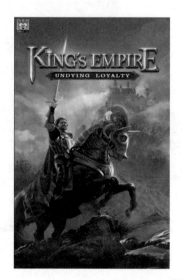

▲ 图 5-122　策略类游戏

从另一个方面来讲，能打动用户的一个重要因素是界面中对细节的处理，也就是在设计的过程中，在完成整体的设计后，能够起到画龙点睛作用的小点缀，它不仅能够增强画面的层次感，而且能提升用户玩耍的乐趣。不过在这里一定要谨慎，因为一不小心，就会变成多此一举，毁掉整个设计。

这些细节不仅仅可以从大小以及精致度上进行区分，在形态以及颜色上进行改变也是设计中经常用到的方法，如图 5-123 所示。

作为游戏类 APP，还要考虑到设计的目的是可以让用户在娱乐的过程中放松心情，减轻压力。因此在设计的同时，要将游戏形象及其表情、游戏的声音等相结合，提升用户体验，如图 5-124 所示。当然，最重要的一点是，游戏后期的程序设计要有意思，让用户有好感，才能在这个竞争激烈的 APP 市场中立于不败之地。

▲ 图 5-123　不同界面的细节处理

▲ 图 5-124　不同游戏界面的画面效果

5.3.2 游戏中的按钮

在玩游戏的过程中，人们总会看到各式各样的按钮，这些按钮，没有一个是随意搁置、没有功能性的。和 PC 端上的游戏相比，移动端游戏画面的尺寸有限制，要想在有限的画面中设计出既丰富细致又清楚明了的界面，需要进行仔细的思量与反复的修改。

游戏中的按钮一般分为以下几种。

- "进入"按钮：也就是"开始游戏"按钮，一般出现在开始界面，主要是引导用户进入游戏的主页面。设计时，应在不破坏界面的美观性的同时，尽可能地把按钮放大，这样才会凸显出来，如图 5-125 所示。

▲ 图 5-125 进入按钮

- "返回"按钮：主要位于画面的四角区域，相似的按钮主要有"关闭"按钮、"菜单"按钮以及"设置"按钮，如图 5-126 所示。

▲ 图 5-126 "返回""关闭"等按钮

- "关卡"按钮：出现在关卡界面，主要作为玩家用户的游戏指南，同时"关卡"按钮的设计，设计者需要多方位地进行思考，要做到"关卡"按钮无论在颜色上还是在形状上，都能广泛地应用于各个场景或背景中，如图 5-127 所示。

▲ 图 5-127　各种"关卡"按钮

• "设置"按钮：一般出现在开始界面、关卡界面以及游戏界面中，主要是以展开按钮的形式出现，其中包含"声音"按钮以及"声效"按钮，如图 5-128 所示。

▲ 图 5-128　各种"设置"按钮

第 **6** 章

音乐类 APP UI 设计

很多人的手机中都有一款音乐类应用，音乐已经是大部分人生活中必不可少的一部分，随时随地享受音乐是大家共同的需求。优秀的音乐 APP 界面设计可提供视觉 + 听觉的双重享受。

本章将介绍音乐类 APP 的设计，如图 6-1 所示为案例效果展示。

▲ 图 6-1　案例展示

6.1　设计准备与规划

在制作 APP 界面之前需要进行准备与规划工作，包括素材准备、界面布局规划、确定风格与配色。

6.1.1　素材准备

准备素材是 APP 设计的重要一步，APP 设计师平常可以收集相关的 APP 进行参考借鉴，从优秀的界面中获取灵感，然后提炼总结出自己的设计方案。如图 6-2 所示为收集的音乐类 APP。

本章绘制的音乐类 APP 界面需要的素材包括专辑图片、用户头像等，如图 6-3 所示。

▲ 图 6-2　参考素材

▲ 图 6-3　图片素材

6.1.2　界面布局规划

　　根据用户的需求，音乐 APP 应该具备音乐播放功能，包括在线试听、下载、收藏等。此外，还应为用户提供个人页面，方便用户自定义收听、收藏、播放歌曲。还可以添加在线互动功能，方便音乐发烧友实时交流音乐方面的资讯。

　　本章介绍音乐 APP 三个界面的制作方法，包括首页、个人页面以及音乐播放页。在开始绘制界面之前，先对界面布局进行规划，如图 6-4 所示，确定版式后再添加图片、图标、文字，最终完成界面的制作。

状态栏 标题栏	状态栏 标题栏	状态栏
搜索栏	搜索栏	歌曲信息展示区
收听历史展示区	用户信息区	
	直播区	
热门歌曲展示区	最近播放展示区	
	歌单展示区	互动按钮
歌曲推荐区		播放按钮
导航栏	导航栏	
首页	个人主页	音乐播放页

▲ 图 6-4　界面布局规划

6.1.3　确定风格与配色

本章音乐 APP 以扁平化风格进行创作，界面风格简洁、清新。蓝色给人一种干净、平和、舒适的感觉，如图 6-5 所示。蓝色能舒缓压力，用于音乐界面中十分恰当。本案例将使用对象定为年轻时尚的族群，也采用受大多数人所喜爱的蓝色为主色调，降低蓝色的饱和度，以获得更好的视觉感受。

在为 APP 选择配色的时候，可以多参考自然界中的色彩或者绘画作品。如图 6-5 所示为本章所参考的图片与插画。

▲ 图 6-5　参考配色

6.2　界面制作

对于 APP 来说，界面设计、图标设计关系到最终所呈现的结果，可以让用户直观地感受到 APP 的品质，并决定是否要动手操作。

本节介绍音乐 APP 界面的制作方法，包括首页、个人主页以及音乐播放页。

6.2.1　首页

在首页中展示音乐 APP 的主要内容，包括个人信息、收听历史、歌曲推荐等。通过点击按钮，可以进入其他页面，方便用户浏览歌曲、收听歌曲或者设置歌单等。

1. 设计思路

首页以蓝色为主色调，以渐变色为背景，这样显得轻松活泼。在页面中显示用户信息，包括个人名称、账号等级以及收听历史。

此外，以列表的方式显示当前热门歌曲与歌曲推荐，图文并茂，既能生动地展示歌曲信息，也能吸引用户的注意力。在导航栏中单击图标，可以进入其他页面，如"电台"页面、"直播"页面等。

图 6-6 所示为本案例的制作流程。

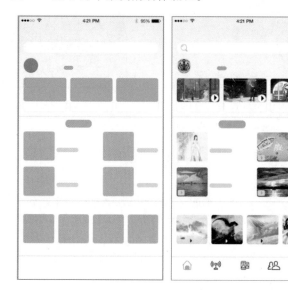

▲ 图 6-6　制作流程

2. 制作步骤

❶ 启动 Photoshop 软件，执行"文件"|"新建"命令，在"新建文档"对话框中，设置"宽度"为 750 像素，"高度"为 1330 像素，"分辨率"为 72 像素 / 英寸，其他参数保持默认值。单击"创建"按钮，新建文档。执行"文件"|"存储"命令，选择存储路径，重命名文档为"首页"，保存到计算机中。

❷ 将鼠标指针置于标尺之上，待指针显示为 形状时，按住鼠标左键不放，向绘图区拖动鼠标，即可创建参考线，如图 6-7 所示。

❸ 选择"渐变工具" ，在属性栏中选择"线性渐变" ，并单击 按钮，打开"渐变编辑器"对话框，设置颜色。新建图层，将鼠标指针置于画布之上，从上往下拖动鼠标，创建线性渐变，如图 6-8 所示。

❹ 载入状态栏。执行"文件"|"打开"命令，定位至配套资源中的"第 6 章 \6.2.1 首页"文件夹，打开"图标 .psd"文件，将状态栏放置在页面的上方，并调整大小，如图 6-9 所示。

❺ 绘制搜索栏。选择"矩形工具" ，选择"形状"，在"属性"面板中设置"形状宽度"为 700 像素，"形状高度"为 54 像素，圆角半径为 27 像素，填充白色（#ffffff），绘制矩形如图 6-10 所示。

▲ 图 6-7　创建参考线

▲ 图 6-8　创建渐变效果

▲ 图 6-9　载入状态栏

▲ 图 6-10　绘制搜索栏

❻ 绘制"我的收听历史"展示区。选择"矩形工具"▢，选择"形状"，在"属性"面板中设置"形状宽度"为 220 像素，"形状高度"为 170 像素，圆角半径为 10 像素，填充白色（#ffffff），绘制矩形如图 6-11 所示。

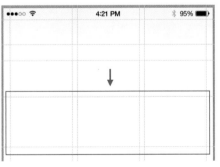

▲ 图 6-11　绘制白色矩形

❼ 双击矩形图层，打开"图层样式"对话框，选择"投影"选项，设置投影参数，为矩形添加投影，如图 6-12 所示。

❽ 在第 6 步所绘制的矩形的基础上继续绘制矩形。选择"矩形工具"▢，选择"形状"，在"属性"面板中设置"形状宽度"为 220 像素，"形状高度"为 120 像素，圆角半径为 10 像素，填充青色（#07bdbd），绘制矩形如图 6-13 所示。

第6章　音乐类APP UI设计

191

❾ 绘制用户头像展示区。选择"椭圆工具" 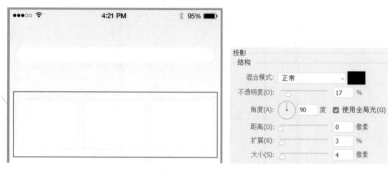，选择"形状"，在"属性"面板中设置"形状宽度"为 74 像素，"形状高度"为 74 像素，填充褐色（#a27565），绘制圆形如图 6-14 所示。

▲ 图 6-12　设置投影参数

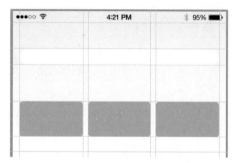

▲ 图 6-13　绘制青色矩形

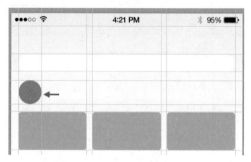

▲ 图 6-14　绘制圆形

❿ 绘制用户等级矩形。选择"矩形工具" ▢，选择"形状"，在"属性"面板中设置"形状宽度"为 48 像素，"形状高度"为 19 像素，圆角半径为 9.5 像素，填充青色（#07bdbd），绘制矩形如图 6-15 所示。

⓫ 绘制"今日好歌"展示区。选择"矩形工具" ▢，选择"形状"，在"属性"面板中设置"形状宽度"为 160 像素，"形状高度"为 148 像素，圆角半径为 10 像素，填充灰色（#a8a8a8），绘制矩形如图 6-16 所示。

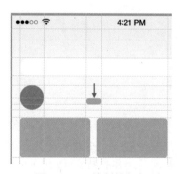

▲ 图 6-15　绘制等级矩形

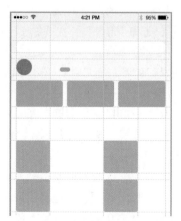

▲ 图 6-16　绘制灰色矩形

⓬ 绘制"全部播放"按钮。选择"矩形工具" ▢，选择"形状"，在"属性"面板

中设置"形状宽度"为 138 像素,"形状高度"为 39 像素,圆角半径为 17.5 像素,填充青色(#07bdbd),绘制按钮如图 6-17 所示。

⑬ 绘制"昨日收听"提示区。选择"矩形工具"⬜,选择"形状",在"属性"面板中设置"形状宽度"为 115 像素,"形状高度"为 22 像素,圆角半径为 11 像素,填充浅青色(#98e8e8),绘制圆角矩形如图 6-18 所示。

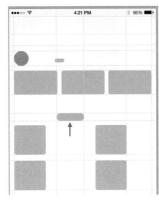

▲ 图 6-17 绘制按钮 ▲ 图 6-18 绘制圆角矩形

⑭ 绘制"倾心推荐"展示区。选择"矩形工具"⬜,选择"形状",在"属性"面板中设置"形状宽度"为 160 像素,"形状高度"为 148 像素,圆角半径为 10 像素,填充灰色(#a8a8a8),绘制矩形,如图 6-19 所示。

⑮ 绘制分隔线。选择"矩形工具"⬜,选择"形状",在"属性"面板中设置"形状宽度"为 750 像素,"形状高度"为 5 像素,圆角半径为 0 像素,填充灰色(#edebeb),绘制分隔线如图 6-20 所示。

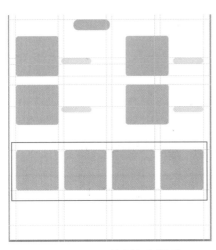

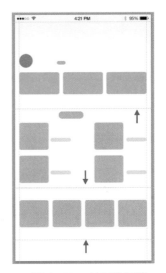

▲ 图 6-19 绘制灰色矩形 ▲ 图 6-20 绘制分隔线

⑯ 按 Ctrl+H 组合键,隐藏参考线,观察当前页面的绘制效果,如图 6-21 所示。

⑰ 载入图片。执行"文件"|"打开"命令,定位至配套资源中的"第 6 章\6.2.1 首页"文件夹,打开图片,将其放置在矩形的上方。按住 Alt 键并单击两个图层的连接处,创建剪贴蒙版,结果如图 6-22 所示。

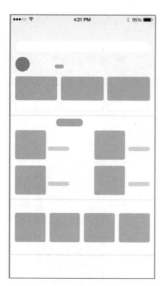

▲ 图 6-21　绘制效果

▲ 图 6-22　载入图片

⓲ 绘制播放按钮。选择"椭圆工具" ⬭，选择"形状"，在"属性"面板中设置"形状宽度"为 39 像素，"形状高度"为 39 像素，填充白色（#ffffff），绘制圆形如图 6-23 所示。

▲ 图 6-23　绘制圆形

⓳ 选择"钢笔工具" ✐，选择"形状"，设置"填充"为黑色（#000000），在圆形的上方绘制三角形，如图 6-24 所示。

▲ 图 6-24　绘制黑色三角形

⓴ 绘制"今日好歌"展示区中的播放按钮。选择"矩形工具" ▭，选择"形状"，在"属性"面板中设置"形状宽度"为 36 像素，"形状高度"为 29 像素，圆角半径为 6 像素，填充灰色（#d0cece），绘制矩形如图 6-25 所示。

▲ 图6-25 绘制矩形

㉑ 选择"钢笔工具" ✐，选择"形状"，设置"填充"为青色（#00c0c0），在圆形的上方绘制三角形，如图6-26所示。

▲ 图6-26 绘制三角形

㉒ 绘制"倾心推荐"展示区中的播放按钮。继续选择"钢笔工具" ✐，选择"形状"，设置"填充"为黑色（#000000），在圆形的上方绘制三角形，如图6-27所示。

▲ 图6-27 绘制效果

㉓ 载入导航栏图标。执行"文件"|"打开"命令，定位至配套资源中的"第6章\6.2.1首页"文件夹，打开"图标.psd"文件，选择合适的图标放置在导航栏的位置，并调整其大小，如图6-28所示。

㉔ 选择"横排文字工具" T，在页面中输入说明文字，绘制效果如图6-29所示。

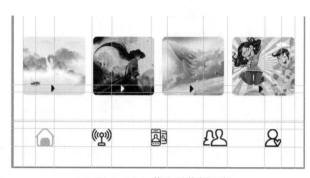

▲ 图 6-28　载入导航栏图标

▲ 图 6-29　首页

6.2.2　个人主页

个人主页用于显示用户信息，包括用户名称、账号等级、播放历史以及自建歌单等。用户在浏览歌曲时的操作，如收藏歌曲、关注歌手、收听历史等都在该页面中展示。

1. 设计思路

个人主页的配色与风格与首页保持一致，仍然是简洁大方的风格。以图文结合的方式展示用户信息，用户在该页面可以快速地进入指定的内容。如在"我的歌单"列表中单击"我爱摇滚"，就可以进入歌单，开始收听歌曲。

如图 6-30 所示为制作流程。

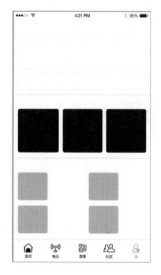

▲ 图 6-30　制作流程

2. 制作步骤

❶ 复制一份"首页 .psd"文件，保留状态栏、导航栏，将其他图层删除，整理效果如图 6-31 所示。

❷ 在导航栏上双击"我"图标图层，打开"图层样式"对话框，选择"颜色叠加"选项，选择青色（#07bdbd），单击"确定"按钮关闭对话框，更改图标颜色。双击"我"文字，更改为青色（#07bdbd），效果如图6-32所示。

▲ 图 6-31　整理图层

▲ 图 6-32　更改颜色

❸ 绘制用户信息展示区。选择"矩形工具"⬚，选择"形状"，在"属性"面板中设置"形状宽度"为703像素，"形状高度"为160像素，圆角半径为25像素，填充白色（#ffffff），绘制白色矩形如图6-33所示。

❹ 双击矩形图层，打开"图层样式"对话框，选择"投影"选项，设置投影参数，为矩形添加投影，如图6-34所示。

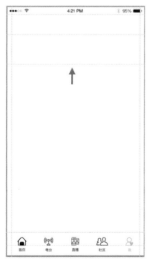

▲ 图 6-33　绘制白色矩形

▲ 图 6-34　添加投影

❺ 绘制"正在直播"展示区。选择"矩形工具"⬚，选择"形状"，在"属性"面板中设置"形状宽度"为703像素，"形状高度"为83像素，圆角半径为25像素，填充白色（#ffffff），绘制矩形。双击矩形图层，打开"图层样式"对话框，选择"投影"选项，设置投影参数，为矩形添加投影，效果如图6-35所示。

⑥ 绘制"最近播放"展示区。选择"矩形工具" ▢，选择"形状"，在"属性"面板中设置"形状宽度"为 220 像素，"形状高度"为 232 像素，圆角半径为 10 像素，填充黑色（#000000），绘制黑色矩形，如图 6-36 所示。

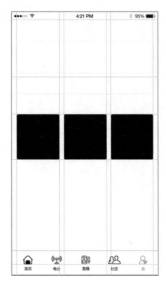

▲ 图 6-35　绘制矩形并添加投影　　　　　▲ 图 6-36　绘制黑色矩形

⑦ 绘制"我的歌单"展示区。选择"矩形工具" ▢，选择"形状"，在"属性"面板中设置"形状宽度"为 161 像素，"形状高度"为 148 像素，圆角半径为 10 像素，填充灰色（#a8a8a8），绘制灰色矩形，如图 6-37 所示。

⑧ 载入头像。参考 6.2.1 节中所介绍的绘制头像展示区的方法，添加老虎头像与主播头像，如图 6-38 所示。

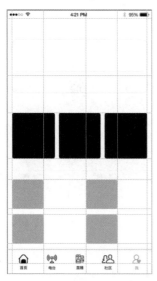

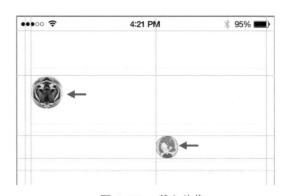

▲ 图 6-37　绘制灰色矩形　　　　　▲ 图 6-38　载入头像

提示　载入头像的步骤为，先绘制圆形，再载入图片。将图片图层置于圆形图层之上，按住 Alt 键单击两个图层的连接处创建剪贴蒙版，即可完成操作。

⑨ 载入图片。执行"文件"|"打开"命令，定位至配套资源中的"第6章\6.2.2 个人主页"文件夹，打开图片，将其放置在矩形的上方。按住 Alt 键并单击两个图层的连接处，创建剪贴蒙版，效果如图 6-39 所示。

⑩ 载入图标。执行"文件"|"打开"命令，定位至配套资源中的"第6章\6.2.2 个人主页"文件夹，打开"图标.psd"文件，选择图标，放置在页面的合适位置，并调整图标的大小，效果如图 6-40 所示。

▲ 图 6-39　载入图片

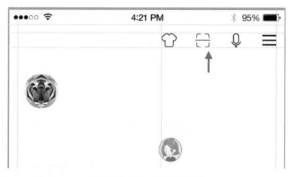

▲ 图 6-40　载入图标

⑪ 载入背景图片。执行"文件"|"打开"命令，定位至配套资源中的"第6章\6.2.2 个人主页"文件夹，打开背景图片，添加至当前页面中，并在"图层"面板中将图片置于最底层，效果如图 6-41 所示。

⑫ 选择"矩形工具"▭，选择"形状"，在"属性"面板中设置"形状宽度"为 750 像素，"形状高度"为 1210 像素，左上角▯、右上角▯的圆角半径为 25 像素，左下角▯、右下角▯的圆角半径为 0 像素，填充白色（#ffffff），在背景图片的上方绘制矩形，如图 6-42 所示。

▲ 图 6-41　载入背景图片

▲ 图 6-42　绘制矩形

⑬ 绘制"最近播放"展示区播放按钮。选择"椭圆工具" ⬭ ，选择"形状"，在"属性"面板中设置"形状宽度"为 39 像素，"形状高度"为 39 像素，填充白色（#ffffff），绘制圆形如图 6-43 所示。

▲ 图 6-43　绘制圆形

⑭ 选择"钢笔工具" ✐ ，选择"形状"，设置"填充"为黑色（#000000），在圆形的上方绘制黑色三角形，如图 6-44 所示。

▲ 图 6-44　绘制黑色三角形

⑮ 绘制"我的歌单"展示区按钮。选择"矩形工具" ▭ ，选择"形状"，在"属性"面板中设置"填充"为无，"描边"为黑色（#000000），宽度为 1 像素，绘制 51 像素 × 26 像素、40 像素 × 26 像素的矩形，如图 6-45 所示。

⑯ 选择"横排文字工具" T. ，在页面中输入说明文字，绘制效果如图 6-46 所示。

▲ 图 6-45　绘制矩形

▲ 图 6-46　个人主页

6.2.3 音乐播放页

播放页是音乐类 APP 最具个性化的页面，也是 APP 展示设计创意的集中地。播放页通常包括播放歌曲名、歌手或专辑图片，播放进度条，播放控制按钮以及其他菜单按钮。

1. 设计思路

本节要制作的音乐播放界面，保持简洁风格，通过精简界面内容，并对重要信息进行放大或颜色处理来表现。专辑图片占据界面很大的空间，十分抢眼，播放进度条以简单的矩形条显示，不加任何装饰，仅通过圆形的滑块来突出显示当前播放进度。播放按钮放置在页面下方，方便用户单手操作。

如图 6-47 所示为本案例的制作流程。

▲ 图 6-47　制作流程

2. 制作步骤

❶ 复制一份"个人主页 .psd"文件，保留状态栏，并将其他图层删除，整理效果如图 6-48 所示。

❷ 新建图层，设置"前景色" ▊ 为青色（#40b5b6）。按 Alt+Delete 组合键，为图层填充前景色，如图 6-49 所示。

❸ 绘制专辑封面展示区。选择"矩形工具" ▢，选择"形状"，在"属性"面板中设置"形状宽度"为 536 像素，"形状高度"为 433 像素，圆角半径为 10 像素，填充黑色（#000000），绘制矩形，如图 6-50 所示。

❹ 双击状态栏图层，打开"图层样式"对话框，选择"颜色叠加"选项，设置为白色（#ffffff），更改状态栏颜色的效果如图 6-51 所示。

❺ 绘制播放效果控制按钮。选择"矩形工具" ▢，选择"形状"，在"属性"面板中设置"填充"为无，"描边"为白色（# ffffff），宽度为 2 像素，绘制矩形，如图 6-52 所示。

▲ 图 6-48　整理页面

▲ 图 6-49　填充前景色

▲ 图 6-50　绘制矩形

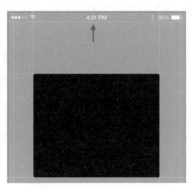

▲ 图 6-51　更改状态栏颜色

❻　绘制主播头像。选择"椭圆工具" ⬭，选择"形状"，在"属性"面板中设置"形状宽度"为 80 像素，"形状高度"为 80 像素，填充黄色（#fcf8c4），绘制圆形，如图 6-53 所示。

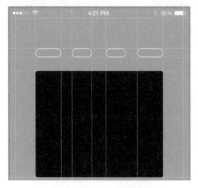

▲ 图 6-52　绘制矩形

▲ 图 6-53　绘制圆形

提示　请读者打开配套资源中的"第6章\6.2.3 播放页"文件夹，打开"音乐播放页 .psd"
文件，查看矩形的尺寸参数。

❼ 继续选择"椭圆工具" ⬭，选择"形状"，在"属性"面板中设置"填充"为无，
"描边"为白色（#ffffff），宽度为 2 像素，绘制圆形，效果如图 6-54 所示。

❽ 绘制"关闭"按钮。选择"矩形工具" ▭，选择"形状"，在"属性"面板中设置"形
状宽度"为 20 像素，"形状高度"为 16 像素，圆角半径为 7 像素，填充浅青色（#56d4d6），
绘制矩形，如图 6-55 所示。

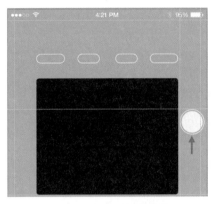

▲ 图 6-54　绘制圆形

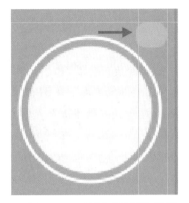

▲ 图 6-55　绘制"关闭"按钮

❾ 绘制"麦姐在直播"按钮。选择"矩形工具" ▭，选择"形状"，在"属性"面
板中设置"形状宽度"为 70 像素，"形状高度"为 20 像素，圆角半径为 10 像素，填充浅
青色（#56d4d6），绘制矩形，如图 6-56 所示。

❿ 绘制"进度条"。选择"矩形工具" ▭，选择"形状"，在"属性"面板中设置"形
状宽度"为 415 像素，"形状高度"为 6 像素，圆角半径为 3 像素，填充白色（#ffffff），
绘制矩形，如图 6-57 所示。

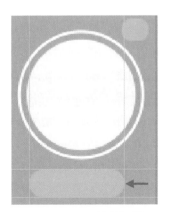

▲ 图 6-56　绘制矩形

▲ 图 6-57　绘制进度条

⓫ 选择"进度条"图层，按 Ctrl+J 组合键，创建拷贝图层。并修改矩形的填充颜色为
黄色（#ffdc39），如图 6-58 所示。

第6章　音乐类APP UI设计

⑫ 选择“进度条-拷贝”图层，在“图层”面板中单击“添加图层蒙版”按钮◘。将“前景色”改为黑色（#000000）。选择图层蒙版，单击“画笔工具”按钮🖌，擦除部分进度条，效果如图 6-59 所示。

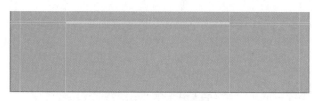

▲ 图 6-58　复制进度条

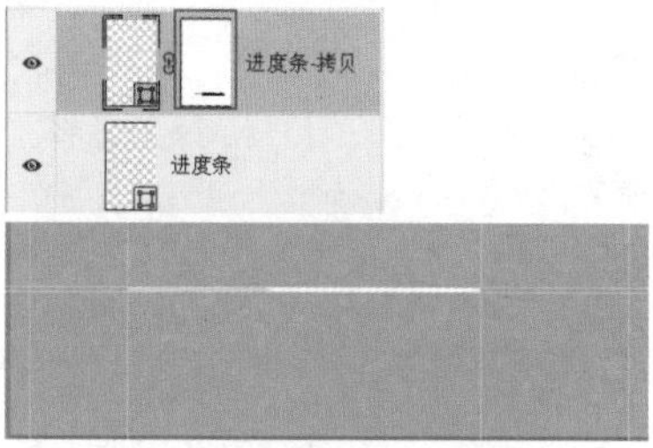

▲ 图 6-59　擦除部分进度条

⑬ 绘制滑块。选择“椭圆工具”◯，选择“形状”，在“属性”面板中设置“形状宽度”为 31 像素，“形状高度”为 31 像素，填充白色（#ffffff），绘制白色圆形，如图 6-60 所示。

⑭ 继续选择“椭圆工具”◯，选择“形状”，在“属性”面板中设置“形状宽度”为 16 像素，“形状高度”为 16 像素，填充青色（#40b5b6），绘制青色圆形，如图 6-61 所示。

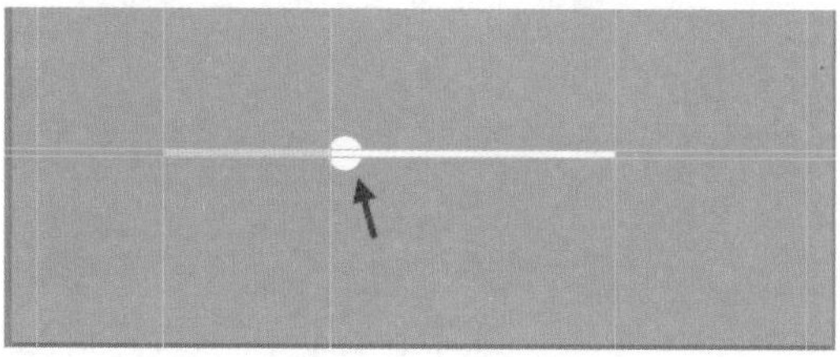

▲ 图 6-60　绘制白色圆形

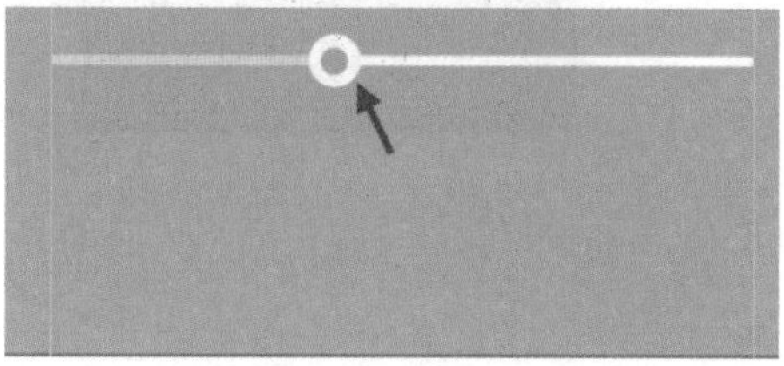

▲ 图 6-61　绘制青色圆形

⑮ 绘制调整播放速度按钮。选择“矩形工具”□，选择“形状”，在“属性”面板中设置“填充”为无，“描边”为白色（#ffffff），宽度为 2 像素，绘制尺寸为 60 像素 × 29 像素的矩形，效果如图 6-62 所示。

⑯ 绘制“开始 / 暂停”按钮。选择“椭圆工具”◯，选择“形状”，在“属性”面板中设置“形状宽度”为 104 像素，“形状高度”为 104 像素，填充白色（#ffffff），绘制圆形，如图 6-63 所示。

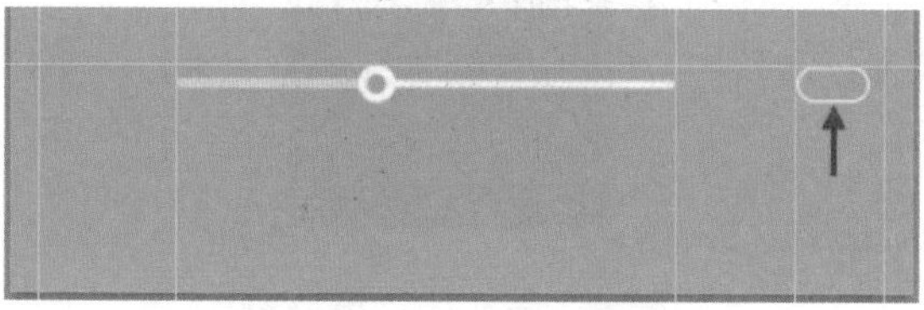

▲ 图 6-62　绘制按钮

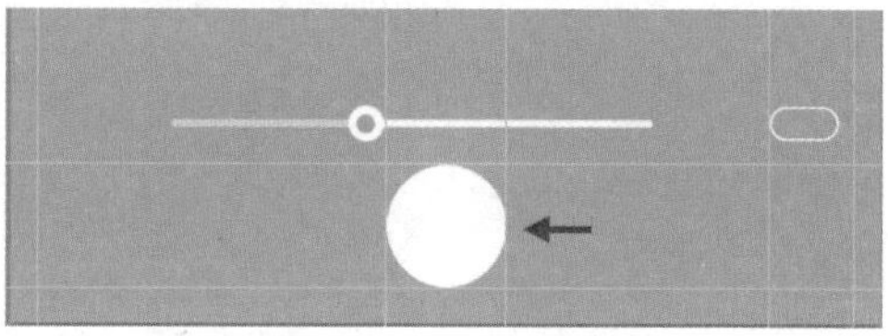

▲ 图 6-63　绘制圆形

⑰ 选择“矩形工具”□，选择“形状”，在“属性”面板中设置“形状宽度”为 11 像素，“形状高度”为 29 像素，圆角半径为 5.5 像素，填充青色（40b5b6），绘制矩形，如图 6-64 所示。

⑱ 绘制翻页按钮。选择“椭圆工具”◯，选择“形状”，在“属性”面板中设置“形状宽度”为 11 像素，“形状高度”为 11 像素，填充白色（#ffffff），绘制圆形，如图 6-65 所示。

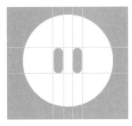

▲ 图 6-64　绘制矩形

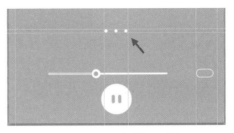

▲ 图 6-65　绘制翻页按钮

⑲ 载入图标。执行"文件"|"打开"命令，定位至配套资源中的"第6章\6.2.3 播放页"文件夹，打开"图标.psd"文件，选择图标，放置在页面的合适位置，并调整图标的大小，效果如图 6-66 所示。

⑳ 载入背景图片。执行"文件"|"打开"命令，定位至配套资源中的"第6章\6.2.3 播放页"文件夹，打开图片，并添加至当前页面中，效果如图 6-67 所示。

▲ 图 6-66　载入图标

▲ 图 6-67　载入背景图片

㉑ 选择"横排文字工具" T，在页面中输入说明文字，绘制效果如图 6-68 所示。

㉒ 选择歌词所在的图层，调整"不透明度"值，歌词的最终显示效果如图 6-69 所示。

▲ 图 6-68　输入文字

▲ 图 6-69　调整"不透明度"值

6.3 设计师心得

6.3.1 Android 界面的点九切图

设计者经常会做一个俗称"点九"的切图，什么是"点九"呢？"点九"是 Android 平台处理图片的一种特殊形式，由于文件的扩展名为".9.png"，所以被称为"点九"。"点九"也是在 Android 平台多种分辨率须适配的需求下，发展出来的一种独特的技术。它可以将图片横向和纵向随意进行拉伸，而保留像素精细度、渐变质感和圆角的原大小，实现多分辨率下的完美显示效果，同时减少不必要的图片资源，可谓切图利器。

"点九"就是把一张 png 图分成了九个部分（九宫格），分别为四个角，四条边，以及一个中间区域，如图 6-70 所示。四个角是不做拉伸的，所以能一直保持圆角的清晰状态，而两条水平边和垂直边分别只做水平和垂直拉伸，不会出现边被拉粗的情况，只有中间用黑线围住的区域做拉伸。

▲ 图 6-70　分成了九个部分

智能手机有自动横屏的功能，界面会随着手机（或平板电脑）中的方向传感器参数的不同而改变显示的方向，在界面改变方向后，界面上的图形会因为长宽的变化而产生拉伸，导致图形失真变形。

Android 平台有多种不同的分辨率，很多控件的切图文件在被放大拉伸后，边角会模糊失真。在 Android 平台下使用"点九"PNG 技术，可以将图片横向和纵向同时进行拉伸，以实现在多分辨率下的完美显示效果。

如图 6-71 所示，普通拉伸和"点九"拉伸效果对比很明显，使用"点九"技术后，仍能保留图像的渐变质感和圆角的精细度。

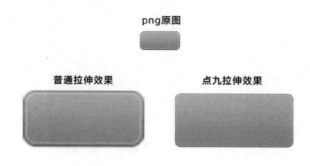

▲ 图 6-71　拉伸对比

了解了点九图的原理后，下面来学习点九图的绘制方法。

❶ 打开绘制好的图，使用"裁剪工具"沿着图片边缘裁剪，如图 6-72 所示。

❷ 执行"图像"|"画布大小"命令，如图 6-73 所示。

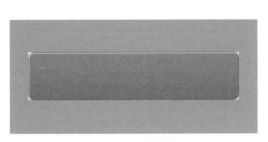

▲ 图 6-72　裁剪效果　　　　　　　▲ 图 6-73　执行"图像"|"画布大小"命令

❸ 弹出对话框，将宽度和高度均增加 2 像素，如图 6-74 所示。

❹ 确定后的效果如图 6-75 所示。

▲ 图 6-74　修改画布大小　　　　　　　　　　▲ 图 6-75　确定后的效果

❺ 查看图中的可拉伸区域，即不包括圆角、光泽等特殊区域的区域，如图 6-76 所示。

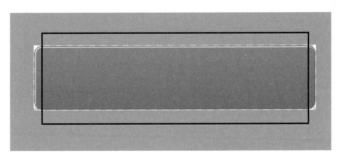

▲ 图 6-76　可拉伸区域

提示　如果不能确定某一区域是不是可拉伸区域，可以在绘制之前将该部分区域拉伸一下试一试，如果图片出现失真的变化，该区域就是不可拉伸区域。

❻ 设置填充颜色为黑色，使用"画笔工具"对图片四周的透明区域进行绘制填充，如图 6-77 所示。

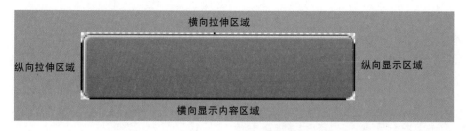

▲ 图 6-77　绘制效果

> 提示 💡 上部为横向可拉伸区域，左侧为纵向可拉伸区域，这两个部分按照可拉伸区域的特点确定黑色条纹的长短，下方为横向内容区域，右侧为纵向内容区域，内容区域的意思就是，如果这个按钮是个窗口，则右侧和下方两区域延伸成为的长方形就是可以显示内容的区域。

❼ 执行"文件"|"导出"|"存储为 Web 所用格式"命令，在打开的对话框中设置优化格式为"PNG-24"，如图 6-78 所示。

❽ 单击"确定"按钮，在打开的对话框中设置文件名称，其后缀为 .9.png，如图 6-79 所示。即完成了点九的绘制。

▲ 图 6-78　设置优化格式

▲ 图 6-79　修改文件名称

> 提示 💡 手绘的黑线拉伸区域颜色必须是 #000000，透明度为 100%，并且图像四边不能出现半透明像素。否则图片不会通过 Android 系统编译，而导致程序报错。

6.3.2　常见的 APP 登录界面分析

下面介绍常见的 APP 登录界面。

1. 模糊背景

模糊背景的运用可以更好地衬托颜色，不仅让整个网站显得更加人性化，并且可以在很大程度上烘托出网站所要表现的氛围，为用户提供更好的体验。如图 6-80 所示的登录界面，在模糊的背景上用极简的图标与细线来设计，背景图的色调与按钮的颜色很有心地挑选了同一色系，让界面融洽地结合成一个整体。

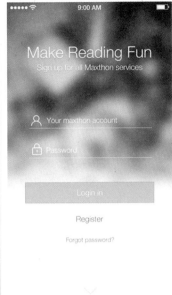

▲ 图 6-80　模糊背景

2．暗色调背景

如图 6-81 所示，暗调处理过的背景图使登录的表单成了页面的视觉中心，没有任何东西可以分散用户的注意力。这不仅是优质的感官体验，更是舒适的用户体验。

▲ 图 6-81　暗色调背景

3．扁平化的纯色背景

扁平化的纯色背景在 APP 登录界面中应用得较多。基本的样式虽然单调无聊，但是如果在色彩上精心搭配，扁平化的登录界面就会变得活泼俏皮起来，如图 6-82 所示。

▲ 图 6-82　扁平化的纯色背景

4．清晰的视觉纵线

人的视线浏览走向一般呈"L"形，意指从上到下，从左至右。而设计登录界面应注重对用户的引导作用，如果一个界面没有过多的强调元素，那么界面的视线浏览顺序符合"L"形规律，也就基本符合用户的心理预期。用户不用过多思考和寻找，就能简单高效地执行完表单项的填写和提交，如图 6-83 所示。

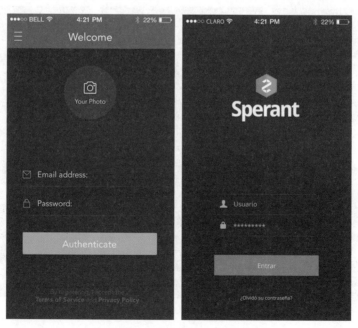

▲ 图 6-83　清晰的视觉纵线

5．注重用户体验设计

登录和注册表单的使用率非常高，一个表单的设计并不是简单的事情，用户体验是必须考虑的事情。有的人喜欢把注册和登录功能都放在一个页面，有的人喜欢用 AJAX 无刷新效果来展示，总之，一切以最佳用户体验为出发点。设计永无止境！哪怕是一个注册表单，也值得细心研究。如果不重视用户体验，就会致使网站流失大量用户。

❑ **减少用户输入**

一般来说，注册表中每增加一个字段，注册率就会相应地下降。

用户在注册时被要求填写两次邮箱地址或重复输入密码是非常麻烦的，特别是在手机上操作时。其实用户一般会使用自己的常用邮箱和密码注册，所以不容易忘记。采用输入一次密码完成注册的方式更符合人们的期望，而为了防止密码输入和用户的预期密码不同，可以采用允许用户查看明文密码的方式。假设用户忘记密码了，可以通过邮箱找回，再多此一举填写两次反而更加容易导致用户流失，如图 6-84 所示。

❑ **信息化注册提示**

为终端用户提供有效的信息提示是提升用户体验设计中的最好方式，尤其是在用户注册填写信息处具有多个输入域，且需要填写的字段互相可能产生歧义的时候，这些消息提示可以减少用户的思考和猜测时间。提示信息的展现形式有多种，可以在页面的顶部闪烁小便签，或是让隐藏起来的消息跳出气泡框。

更多的提示可以防止用户因为输入错误而需要进行再次输入，如图 6-85 所示。

▲ 图 6-84 减少用户输入项

▲ 图 6-85 信息化注册提示

第7章
社交类 APP UI 设计

社交类 APP 是指具有社交功能的 APP，一般具有在线聊天、好友互动等功能，几乎是每个智能手机用户都会安装的软件。本章将介绍社交类 APP 界面的设计，一共包括三个界面，如图 7-1 所示为案例展示。

▲ 图 7-1　案例展示

7.1　设计准备与规划

在制作 APP 界面之前需要进行准备与规划工作，包括素材准备、界面布局规划、确定风格与配色。

7.1.1　素材准备

设计者在设计前可以参考同类 APP，在已有的社交 APP 中最火爆、下载最多的是腾讯公司旗下的 QQ 和微信。不论是哪一种类型的社交 APP，都会提供交友功能。每个用户都可以自由选择头像，因此需要准备的素材之一为头像素材，如图 7-2 所示。

▲ 图 7-2　头像素材

另外，需要为用户发表的图文动态准备图片素材，如日常生活情景、自然景观等。本例 APP 所需的动态图片素材如图 7-3 所示。

▲ 图 7-3　素材

7.1.2　界面布局规划

一款社交类 APP 最基本也是最主要的功能就是即时聊天功能，除此之外，还要有首页、个人主页、登录界面等。本案例主要设计的是首页、个人主页以及聊天界面，首先规划这三个界面的布局，确定大致版式，方便后面添加具体的内容，如图 7-4 所示。

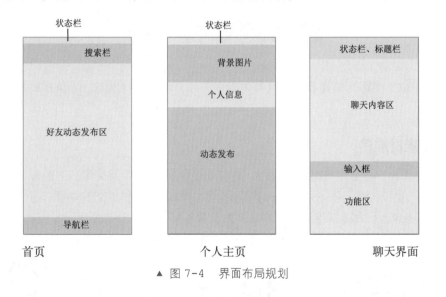

▲ 图 7-4　界面布局规划

7.1.3　确定风格与配色

本案例的社交 APP 选用橘红色为主色调。橘红色鲜艳而醒目，有极强的指示功能，常被用于各类标志。橘红色玫瑰还有友情、青春美丽的含义。

我们可以从大自然与日常生活中汲取色彩灵感，并将其运用到 APP 制作中，如图 7-5、图 7-6 所示。

▲ 图 7-5　橘子

▲ 图 7-6　玫瑰花

7.2　界面制作

本节开始制作社交 APP 的界面，包括首页、聊天界面以及个人主页。在界面的制作过程中，将介绍"选区"工具以及"平滑"工具的使用方法。

7.2.1　首页

在首页中，主要显示好友的最新动态，包括文字信息、图片信息、视频信息等。通过浏览首页，除了可以获知好友动态外，还可以转发、评论和点赞。通过搜索栏，可以在 APP 内搜索相关信息。

1. 设计思路

首页以白色为底色，通过文字、形状、图片的组合来构成丰富多彩的效果。搜索栏两侧的按钮设置为橘红色，有助于引导用户去点击。在右下角，黑底的圆形上放置白色的毛笔图标，搭配醒目，方便用户实时发表个人动态。

如图 7-7 所示为制作流程。

▲ 图 7-7　制作流程

2. 制作步骤

❶ 启动 Photoshop 软件, 执行"文件"|"新建"命令, 在"新建文档"对话框中, 设置"宽度"为 750 像素, "高度"为 1330 像素, "分辨率"为 72 像素 / 英寸, 其他参数保持默认值, 如图 7-8 所示, 单击"创建"按钮新建文档。执行"文件"|"存储"命令, 选择存储路径, 重命名文档为"首页", 保存到计算机中。

❷ 将鼠标指针置于标尺之上, 待指针显示为 形状时, 按住鼠标左键不放, 向绘图区拖动光标, 即可创建参考线, 如图 7-9 所示。

❸ 载入状态栏。执行"文件"|"打开"命令, 定位至配套资源中的"第 7 章 \7.2.1 首页"文件夹, 打开"图标 .psd"文件, 将状态栏放置在页面的上方, 并调整大小, 如图 7-10 所示。

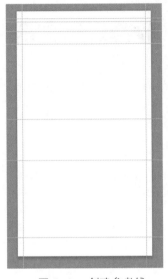

▲ 图 7-8　设置页面参数　　▲ 图 7-9　创建参考线　　▲ 图 7-10　载入状态栏

❹ 绘制搜索栏。选择"矩形选区工具" , 在参考线的基础上绘制矩形选区, 如图 7-11 所示。

❺ 执行"选择"|"修改"|"平滑"命令, 打开"平滑选区"对话框, 设置"取样半径"为 10 像素, 如图 7-12 所示。

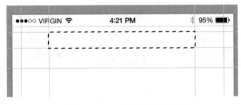

▲ 图 7-11　绘制矩形选区　　　　　　▲ 图 7-12　设置参数

❻ 单击"确定"按钮关闭对话框, 矩形选区生成圆角, 如图 7-13 所示。

❼ 新建一个图层, 单击"设置前景色"按钮 , 打开"拾色器（前景色）"对话框, 设置颜色值（#e7e6e6）, 单击"确定"按钮关闭对话框。按 Alt+Delete 组合键, 为选区填充前景色, 如图 7-14 所示。

提示 　为选区填充颜色后, 按 Ctrl+D 组合键, 可以退出选区的选择状态。

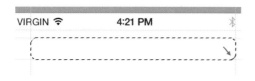

▲ 图 7-13　生成圆角的效果　　　　　　　　▲ 图 7-14　填充前景色

⑧ 将鼠标指针置于标尺之上，待指针显示为 形状时，按住鼠标左键不放，向下拖动鼠标创建参考线。

⑨ 选择"矩形工具" ，选择"形状"，在"属性"面板中设置"形状宽度"为 750 像素，"形状高度"为 10 像素，圆角半径为 0 像素，填充灰色（#ececec），绘制矩形，如图 7-15 所示。

⑩ 参考前面步骤介绍的方法，根据参考线绘制矩形选区，再在"平滑选区"对话框中设置"取样半径"为 10，新建图层后为选区填充黑色，如图 7-16 所示。

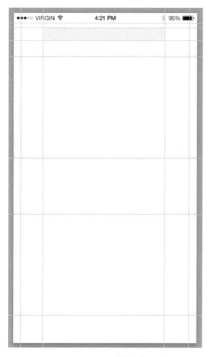

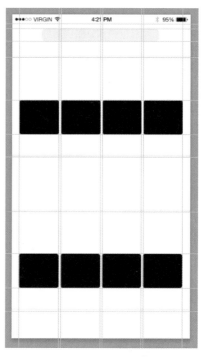

▲ 图 7-15　绘制矩形　　　　　　　　　　　▲ 图 7-16　绘制效果

提示　　若图形的尺寸都相同，可以在绘制一个图形后，按住 Alt 键创建多个副本，避免重复绘制。

⑪ 绘制头像矩形。选择"矩形工具" ，选择"形状"，在"属性"面板中设置"形状宽度"为 67 像素，"形状高度"为 69 像素，圆角半径为 10 像素，填充黑色（#000000），绘制矩形。其余两个矩形的尺寸相同，可以复制后分别设置不同的填充色与描边颜色，最后的绘制效果如图 7-17 所示。

⑫ 载入图片。执行"文件" | "打开"命令，定位至配套资源中的"第 7 章\7.2.1 首页"文件夹，打开玫瑰花图片，放置在头像矩形的上方。鼠标置于两个图层的连接处，按住 Alt 键并单击鼠标左键，创建剪贴蒙版，如图 7-18 所示。

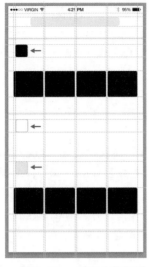

▲ 图 7-17 绘制头像矩形

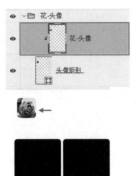

▲ 图 7-18 载入图片

> 提示 💡 定位至配套资源中的"第 7 章 \7.2.1 首页"文件夹，打开"首页 .psd"文件，可以
> 查看头像矩形的参数设置。

⑬ 重复上述操作，继续载入头像图片，通过创建剪贴蒙版与头像矩形组合在一起。

⑭ 载入图片。执行"文件"|"打开"命令，定位至配套资源中的"第 7 章 \7.2.1 首页"文件夹，打开图片，将其放置在矩形的上方。按住 Alt 键并单击两个图层的连接处，创建剪贴蒙版，效果如图 7-19 所示。

⑮ 绘制列表按钮。选择"矩形工具" ▢，选择"形状"，在"属性"面板中设置"形状宽度"为 45 像素，"形状高度"为 4 像素，圆角半径为 1.5 像素，填充橘红色（#ff3f04），绘制列表按钮。按住 Alt 键，创建三个副本，绘制效果如图 7-20 所示。

▲ 图 7-19 载入图片

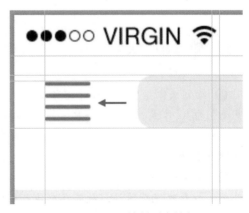

▲ 图 7-20 绘制列表按钮

⑯ 绘制矩形按钮。选择"矩形工具" 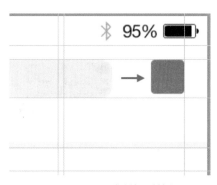，选择"形状"，在"属性"面板中设置"形状宽度"为 46 像素，"形状高度"为 46 像素，圆角半径为 5 像素，填充橘红色（#ff3f04），绘制矩形按钮，如图 7-21 所示。

⑰ 载入按钮。执行"文件"|"打开"命令，定位至配套资源中的"第 7 章 \7.2.1 首页"文件夹，打开"图标 .psd"文件，选择合适的按钮放置在页面中，并其调整大小，如图 7-22 所示。

▲ 图 7-21　绘制矩形按钮

▲ 图 7-22　载入按钮

⑱ 载入导航栏按钮。执行"文件"|"打开"命令，定位至配套资源中的"第 7 章 \7.2.1 首页"文件夹，打开"图标 .psd"文件，选择合适的按钮放置在导航栏的位置，并调整其大小，如图 7-23 所示。

⑲ 至此，页面的编辑效果如图 7-24 所示。

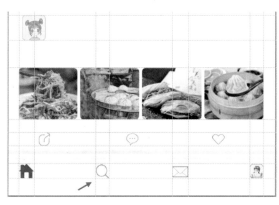

▲ 图 7-23　载入导航栏按钮

▲ 图 7-24　编辑效果

⑳ 选择"横排文字工具" **T**，在页面中输入说明文字，效果如图 7-25 所示。

㉑ 绘制发布按钮。选择"椭圆工具" ◯，选择"形状"，在"属性"面板中设置"形状宽度"为 69 像素，"形状高度"为 69 像素，填充黑色（#000000）。从"图标.psd"文件中选择毛笔图标，将其放置在圆形之上，如图 7-26 所示。

▲ 图 7-25 输入说明文字

▲ 图 7-26 绘制发布按钮

㉒ 绘制小红点。选择"椭圆工具" ◯，选择"形状"，在"属性"面板中设置"形状宽度"为 25 像素，"形状高度"为 25 像素，填充红色（#ff0000），绘制小红点，如图 7-27 所示。选择"横排文字工具" **T**，在圆形上输入数字。

㉓ 首页的绘制最终效果如图 7-28 所示。

▲ 图 7-27 绘制小红点

▲ 图 7-28 首页最终效果

7.2.2 聊天界面

聊天界面是最重要的界面，既要与众不同，又不能过于花哨，否则不利于用户体验。

1. 设计思路

本案例制作的聊天界面使用列表的形式来显示聊天信息，使得信息一目了然。图标使用简单的线性图标，整个界面简洁明了，如图 7-29 所示为制作流程。

▲ 图 7-29　制作流程

2. 制作步骤

❶ 复制一份"首页 .psd"文件，保留状态栏，将其他图层删除。设置"前景色"为灰色（#f1f0f0），为"背景"图层填充颜色，整理效果如图 7-30 所示。

❷ 将鼠标指针置于标尺之上，待指针显示为 形状时，按住鼠标左键不放，向绘图区拖动鼠标，即可创建参考线，如图 7-31 所示。

▲ 图 7-30　整理页面

▲ 图 7-31　创建参考线

❸ 选择"矩形选区工具"，根据参考线绘制选区，新建图层后填充白色（#fffdfd），如图 7-32 所示。

❹ 继续选择"矩形选区工具"，在标题栏的区域绘制选区。选择"渐变工具"，在"渐变编辑器"对话框中设置参数。选择"线性渐变"类型，从下至上拖曳鼠标，创建渐变效果，如图 7-33 所示。

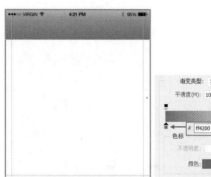

▲ 图 7-32　绘制矩形　　　　　　　　　　▲ 图 7-33　绘制线性填充

❺ 绘制文字输入框。选择"矩形工具"，选择"形状"，在"属性"面板中设置"形状宽度"为 509 像素，"形状高度"为 74 像素，圆角半径为 37 像素，填充白色（#ffffff），绘制矩形，如图 7-34 所示。

❻ 绘制按钮。选择"矩形工具"，选择"形状"，在"属性"面板中设置"形状宽度"为 94 像素，"形状高度"为 74 像素，圆角半径为 37 像素，填充橘红色（#ff5227），绘制按钮，如图 7-35 所示。

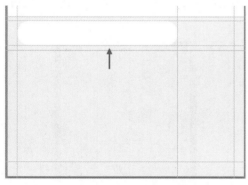

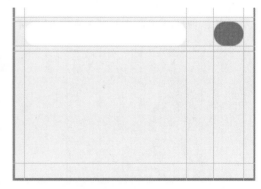

▲ 图 7-34　绘制矩形　　　　　　　　　　▲ 图 7-35　绘制按钮

❼ 绘制图标底纹。选择"矩形工具"，选择"形状"，在"属性"面板中设置"形状宽度"为 105 像素，"形状高度"为 94 像素，圆角半径为 13 像素，填充白色（#ffffff），绘制图标底纹，如图 7-36 所示。

❽ 参考 7.2.1 节中介绍的创建头像的方法，为页面创建用户头像，并放置在合适的位置，如图 7-37 所示。

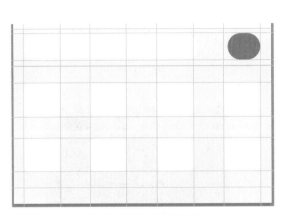

▲ 图 7-36　绘制底纹

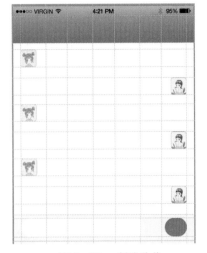

▲ 图 7-37　创建头像

❾ 绘制信息框。选择"矩形工具"，选择"形状"，在"属性"面板中设置"形状宽度"为 234 像素，"形状高度"为 64 像素，圆角半径为 25 像素，填充灰色（#e5e5e5），绘制矩形，如图 7-38 所示。

❿ 先选择"直接选择工具"，单击在上一步骤中绘制的圆角矩形。再选择"钢笔工具"，在矩形上添加夹点。通过调整夹点的位置，为矩形添加一个尖角，指向用户头像，如图 7-39 所示。

▲ 图 7-38　绘制矩形

▲ 图 7-39　添加夹点

⓫ 重复上述操作，继续绘制信息框，如图 7-40 所示。

⓬ 绘制按钮。选择"椭圆工具"，选择"形状"，在"属性"面板中设置"形状宽度"为 4 像素，"形状高度"为 4 像素，填充黑色（#000000），绘制圆形，如图 7-41 所示。

⓭ 选择"矩形工具"，选择"形状"，在"属性"面板中设置"形状宽度"为 36 像素，"形状高度"为 3.5 像素，圆角半径为 0 像素，填充黑色（#000000），绘制矩形，如图 7-42 所示。

⓮ 选择"钢笔工具"，选择"形状"，设置"填充"为黑色（#000000），绘制指示箭头，如图 7-43 所示。

⓯ 载入图标。执行"文件"|"打开"命令，定位至配套资源中的"第 7 章 \7.2.2 聊天界面"文件夹，打开"图标 .psd"文件，选择合适的图标放置在页面中，并调整其位置和大小，如图 7-44 所示。

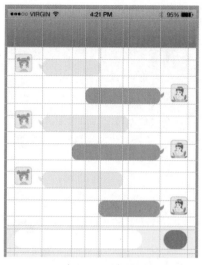

▲ 图 7-40　绘制信息框

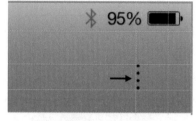

▲ 图 7-41　绘制按钮

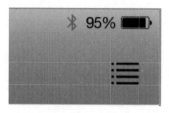

▲ 图 7-42　绘制矩形

▲ 图 7-43　绘制指示箭头

⓰　绘制翻页按钮。选择"椭圆工具" ◯，选择"形状"，在"属性"面板中设置"形状宽度"为 10 像素，"形状高度"为 10 像素，填充橘红色（#ff5227）和灰色（#a8a8a8），绘制翻页按钮，如图 7-45 所示。

▲ 图 7-44　载入图标

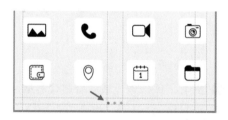

▲ 图 7-45　绘制翻页按钮

⓱　至此，页面的编辑效果如图 7-46 所示。

⓲　选择"横排文字工具" T，在页面中输入说明文字，最终绘制效果如图 7-47 所示。

▲ 图 7-46　编辑效果

▲ 图 7-47　聊天界面

7.2.3　个人主页

在个人主页中显示用户的基本信息，如姓名、性别、个性签名等。浏览他人个人主页，可以与之互动，也可以添加关注，实时获知其动态更新。

1. 设计思路

用户可以根据自己的爱好来定义个人主页，选择特定风格的图片作为背景，编辑个性化的介绍语，为浏览自己主页的人提供基本信息。

在个人主页中可以查看用户已经发布的动态，包括文字信息、图片以及视频，如图 7-48 所示为制作流程。

▲ 图 7-48　制作流程

2. 制作步骤

❶ 复制一份"首页 .psd"文件，保留状态栏，删除其他图层。将鼠标指针置于标尺之上，待指针显示为 形状时，按住鼠标左键不放，向绘图区拖动鼠标创建参考线，如图 7-49 所示。

❷ 载入背景图片。执行"文件"|"打开"命令，定位至配套资源中的"第 7 章 \ 7.2.3 个人主页"文件夹，打开背景图片，将其放置在页面的上方，并调整其大小，结果如图 7-50 所示。

❸ 选择"矩形工具" ，选择"形状"，在"属性"面板中设置"形状宽度"为 750 像素，"形状高度"为 1030 像素，圆角半径为 40 像素，填充白色（#ffffff），绘制矩形，如图 7-51 所示。

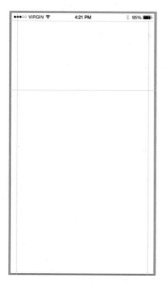  

▲ 图 7-49　创建参考线　　▲ 图 7-50　载入背景图片　　▲ 图 7-51　绘制矩形

❹ 绘制白色按钮。选择"矩形工具" ，选择"形状"，在"属性"面板中设置"形状宽度"为 55 像素，"形状高度"为 42 像素，圆角半径为 14 像素，填充白色（#ffffff），绘制白色按钮如图 7-52 所示。

❺ 绘制橘红色按钮。选择"矩形工具" ，选择"形状"，在"属性"面板中设置"形状宽度"为 85 像素，"形状高度"为 37 像素，圆角半径为 18.5 像素，填充橘红色（#ff3f04），绘制橘红色按钮如图 7-53 所示。

▲ 图 7-52　绘制白色按钮　　　　　　▲ 图 7-53　绘制橘红色按钮

❻ 选择"矩形选区工具" ，根据参考线绘制矩形选区，如图 7-54 所示。

❼ 新建图层，设置"前景色"为灰色（#e5e2dd），按 Alt+Delete 组合键为选区填充前景色，如图 7-55 所示。

▲ 图 7-54　绘制选区　　　　　　　　　▲ 图 7-55　填充颜色

❽　继续选择"矩形选区工具"，根据参考线绘制矩形选区，如图 7-56 所示。

❾　执行"选择"|"修改"|"平滑"命令，打开"平滑选区"对话框，设置"取样半径"为 10 像素，如图 7-57 所示。

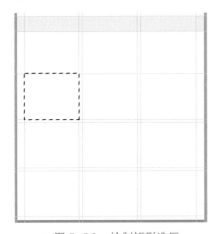

▲ 图 7-56　绘制矩形选区　　　　　　　▲ 图 7-57　平滑选区

❿　设置"前景色"为黑色（#000000），新建图层，按 Alt+Delete 组合键为选区填充前景色，如图 7-58 所示。

⓫　选择在上面步骤中绘制的黑色矩形，按 Alt 键创建多个副本，按参考线的位置放置，效果如图 7-59 所示。

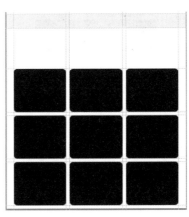

▲ 图 7-58　填充黑色　　　　　　　　　▲ 图 7-59　复制图形

⑫ 参考前面的知识，创建用户头像，并调整大小后放置在页面中合适的位置，如图 7-60 所示。

⑬ 载入按钮。执行"文件"|"打开"命令，定位至配套资源中的"第 7 章\7.2.3 个人主页"文件夹，打开"图标.psd"文件，选择合适的按钮放置在页面中，效果如图 7-61 所示。

▲ 图 7-60　创建用户头像

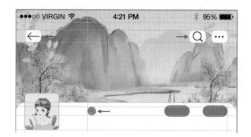

▲ 图 7-61　载入按钮

⑭ 载入美食图片。执行"文件"|"打开"命令，定位至配套资源中的"第 7 章\7.2.3 个人主页"文件夹，打开美食图片，将其放置在黑色矩形的上方，按住 Alt 键单击两个图层的连接处，创建剪贴蒙版，效果如图 7-62 所示。

⑮ 选择"横排文字工具" **T**，在页面中输入说明文字，绘制效果如图 7-63 所示。

▲ 图 7-62　编辑效果

▲ 图 7-63　个人主页

7.3 设计师心得

7.3.1　APP 设计中需要注意的问题

下面从用户的角度介绍 APP 设计中需要注意的问题。

1. 设计 APP 要关注用户的操作习惯

设计 APP 关注的不仅是界面要美观的问题，重点还要关注用户的操作习惯，如图 7-64 所示。例如，大多数用户拿手机的时候是单手操作还是双手操作，当进行单手操作的时候是习惯用左手还是右手，点击按钮的时候是用左手还是右手，考虑这些有利于避免用户用手指操作时出现触摸盲点。此外，用户的操作习惯还决定着 APP 的界面和按钮分布，只有符合用户操作习惯的界面才能给用户更好的体验。

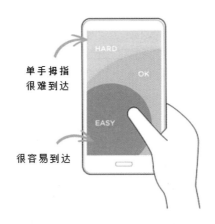

▲ 图 7-64　APP 关注用户的操作习惯

2. 要充分考虑 APP 的使用环境

每款 APP 都有自己的用户定位，用户定位往往决定了用户的使用环境，包括用户的使用时间、地点、环境等。如果用户大多数是在比较嘈杂的环境中使用某款 APP，那么 APP 在功能上就应该帮助用户克服这个问题。如人们使用公交查询软件，一般都是在公交站或者马路旁边等车的时候，因此不应该在 APP 中使用类似语音输入进行查询的功能，否则会给用户的语音输入带来误差。如果是一款在拥挤的环境下进行操作的 APP，则应该避免需要用户过多地输入文字，可以使用其他输入方式来代替文字输入。

3. 尽量减少 APP 的访问级别

在移动终端上，如果访问级别过多，会使用户失去耐心，最终可能放弃使用产品。如果 APP 的访问级别过多，可以考虑使用扁平化的层级结构，如使用选项卡之类的方式来减少访问级别，以及使用弹出菜单的方式让用户访问更高级别的内容，如图 7-65 所示。

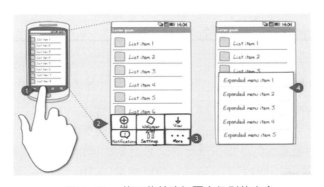

▲ 图 7-65　使用菜单访问更高级别的内容

4．APP功能的设计要分清主次

设计APP同样也可以采用管理学上的二八定律，也就是将主流用户最重要最常用的20%的功能进行直接展示，其他80%的功能适当隐藏，可以把不常用的功能设置更高的级别。

5．尊重用户的劳动成果，自动保存离线内容

微信的消息在离线的情况下发送会显示感叹号并保存在客户端，网络连接后只要点击重新发送即可，不需要重新输入信息，如图7-66所示。新浪微博在网络信号差或者中断的情况下进行评论或者转发，相应的信息内容也会自动保存在微博的草稿箱，连接网络后重新发送即可。APP具备这种功能的好处就是可以保存用户花费心思创作出来的文字信息，避免离线的时候内容丢失，用户又需要再次输入，既浪费时间又浪费用户的劳动成果。

6．尽可能地减少用户输入，必要的时候应给出相关提示

APP是在移动终端上运行，用户的操作会受到屏幕尺寸的限制，不能像在PC端一样流畅地打字。所以，APP在相关的功能上应该尽可能地减少用户输入文字，如图7-67所示是使用百度地图时，选择初始地理位置时给出的相关提示。

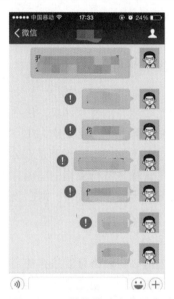

▲ 图7-66　微信的消息发送失败

▲ 图7-67　相关提示

7.3.2　平面设计师如何转型为 APP 设计师

随着移动互联网产业的高速发展，APP UI设计师也成为人才市场上十分紧俏的职业。很多相关行业的设计师也都纷纷转行，下面介绍平面设计师如何转型为APP设计师。

1．软件的熟悉运用

由于平面设计师平时做广告、海报、宣传册等类别的东西比较多，所以Illustrator软件运用得应该是相当熟练的。而在进行APP设计时，可以使用Illustrator来制作矢量图标，因为APP图标的设计尺寸比较多，所以使用Illustrator做矢量图标十分方便后期的运用。

进行APP界面设计的时候，运用最多的是Photoshop，包括设计APP元素、界面效

果图以及切片等。

2. 相关理论的学习

首先需要了解的 APP 涉及的平台有 Android、iOS、iPad 等，了解各个平台的尺寸大小；然后是学习 APP 界面元素、界面的布局、配色等理论知识。

3. 模仿优秀产品界面

学习理论知识后，就可以开始 APP 设计了，初期可以进行优秀作品的临摹，逐渐了解与熟悉相关的操作。对 APP 的启动界面、主界面、列表界面、设置界面、注册登录界面等一一进行模仿练习，从而加深对 APP 设计的理解。

4. 在练习中掌握 APP 的精髓

试着设计自己的 APP 界面，从用户角度和体验角度进行设计，慢慢掌握 APP 的精髓，从而设计出优秀的 APP。

第 8 章
购物理财类 APP UI 设计

如今，随着移动设备的不断发展，移动端网购的增长速度远超其他渠道。购物理财类 APP 的下载与点击量十分火爆。本章将介绍购物类 APP 的设计制作，如图 8-1 所示为本章案例展示。

▲ 图 8-1　案例展示

8.1　设计准备与规划

在开始制作一款 APP 前需要很长一段时间的准备工作，包括收集素材，从素材中找寻灵感，对界面进行布局规划，根据 APP 风格选择相应的配色。一切准备就绪后，才能在制作中得心应手。

8.1.1　素材准备

比较有代表性的购物类 APP 有淘宝、天猫、唯品会、京东等，这些 APP 可以给设计者带来灵感，如图 8-2 所示。

▲ 图 8-2　参考 APP

本案例是制作购物类 APP，需要准备的素材有主题插画、商品图片、辅助元素等，如图 8-3 所示。在寻找素材的过程中，要注意各种素材的协调搭配。

▲ 图 8-3　准备素材

8.1.2　界面布局规划

购物类 APP 的首页是非常重要的界面，通常包括广告信息、促销信息以及菜单与导航等。而在分类界面、详情界面中提供了详细的商品信息与购买信息，是被用户浏览最多的界面。

在本案例中，选择购物 APP 的三个界面进行讲解，分别为主界面、分类界面和详情界面。首先对三个界面的布局进行规划，确定大致的版式，方便在后面添加具体的内容，如图 8-4 所示。

主界面　　　　　　　　分类界面　　　　　　　　详情界面

▲ 图 8-4　界面布局规划

8.1.3　确定风格与配色

红色代表积极、乐观、热情，善于表达，富有感染力。本案例 APP 的页面使用红色为主色调，辅以其他多种配色，既凸显主题，又能避免呆板。在活泼灵动的氛围中引导用户浏览页面，刺激购买需求，最终达成交易。

在选择配色的时候，可供选择的参考对象数不胜数。如日常可见的瓜果蔬菜、树叶花朵，早中晚不同时段的天空色彩。本案例的配色参考水果组合以及秋天的枫叶，如图 8-5、图 8-6 所示，以红色为主色调，搭配其他色彩，构成一幅生动和谐的画面。

▲ 图 8-5　水果组合

▲ 图 8-6　秋天的枫叶

8.2　界面制作

确定了界面的布局与配色后，下面开始制作购物 APP 的界面。

8.2.1　制作主界面

购物主界面是购物类 APP 能否留住用户的关键界面，由于购物类界面需要罗列的信息比较多，因此既要吸引人，又要整洁有秩序。如果主界面杂乱，往往会带来糟糕的用户体验。

1. 设计思路

本实例制作的购物主界面首先将界面进行划分，分为状态栏与搜索栏、商品展示区、底部导航栏，然后在这些区域分别绘制内容，如图 8-7 所示为制作流程。

▲ 图 8-7　制作流程

2. 制作步骤

❶ 启动 Photoshop 软件，执行"文件"|"新建"命令，在"新建文档"对话框中，设置"宽度"为 750 像素，"高度"为 1330 像素，"分辨率"为 72 像素／英寸，其他参数保持默认值，如图 8-8 所示。单击"创建"按钮新建文档，如图 8-9 所示。执行"文件"|"存储"命令，选择存储路径，重命名文档为"主界面"，保存到计算机中。

▲ 图 8-8 设置参数

▲ 图 8-9 新建文档

❷ 执行"视图"|"新建参考线"命令，在"新建参考线"对话框中设置参数，如图 8-10 所示。

❸ 选择"钢笔工具" ✐，选择"形状"，填充蓝色（#5d6cfa），设置"描边"为无，绘制如图 8-11 所示的形状。

▲ 图 8-10 创建参考线

▲ 图 8-11 绘制形状

❹ 将鼠标指针置于标尺之上，待指针显示为 形状时，按住鼠标左键不放，向绘图区拖动鼠标，即可创建参考线，如图 8-12 所示。

❺ 选择"矩形工具" ▢，选择"形状"，分别绘制 347 像素 ×174 像素、230 像素 ×326 像素、228 像素 ×158 像素的矩形，填充灰色（#cccccc），如图 8-13 所示。

❻ 设置图层样式参数。双击矩形图层，打开"图层样式"对话框。选择"渐变叠加"

选项，设置样式参数，为矩形添加渐变效果，如图 8-14 所示。

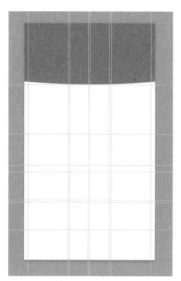
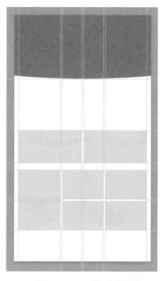
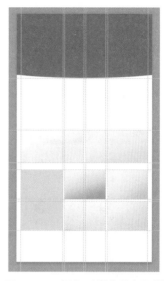

▲ 图 8-12 创建参考线　　　▲ 图 8-13 绘制矩形　　　▲ 图 8-14 添加"渐变叠加"效果

> 提示 参考线的间距、"渐变叠加"的参数限于篇幅，在此无法详细说明。请读者打开"第 8 章 \8.2.1 制作主界面 \ 主界面 .psd"文件，查看具体参数。

⑦ 载入图片。执行"文件"|"打开"命令，定位至配套资源中的"第 8 章 \8.2.1 制作主界面"文件夹，打开海报、人物照片、商品照片，并放置在合适的位置，如图 8-15 所示。

⑧ 选择"促销海报"图层，将其置于"形状"图层之上，按住 Alt 键，单击图层连接处，创建剪贴蒙版，如图 8-16 所示。

▲ 图 8-15 载入图片　　　　　　　　▲ 图 8-16 创建剪贴蒙版

⑨ 载入图标。执行"文件"|"打开"命令，定位至配套资源中的"第 8 章 \8.2.1 制作主界面"文件夹，打开"线性图标 .psd"文件，将图标放置在合适的位置并调整大小，如图 8-17 所示。

⑩ 选择"横排文字工具" **T**，输入说明文字，如图 8-18 所示。

⑪ 选择"矩形工具" ▢，在"属性"面板中设置"形状宽度"为 156 像素，"形状高度"为 36 像素，右上角、右下角的半径值均为 18 像素。双击矩形图层，在"图层样式"对话框中选中"渐变叠加"样式。最后使用"横排文字工具" **T**，在矩形的上方输入文字，如图 8-19 所示。

▲ 图 8-17　添加线性图标　　　▲ 图 8-18　输入说明文字　　　▲ 图 8-19　绘制效果

⑫ 绘制搜索栏。选择"矩形工具" ▢，在"属性"面板中设置"形状宽度"为 726 像素，"形状高度"为 60 像素，圆角半径为 60 像素，填充浅灰色（#ffffff），绘制效果如图 8-20 所示。

⑬ 选择"矩形工具"，更改"形状宽度"为 105 像素，"形状高度"为 47 像素，圆角半径为 24 像素，填充红色（#be272f），绘制效果如图 8-21 所示。

▲ 图 8-20　绘制浅灰色圆角矩形　　　　　　　▲ 图 8-21　绘制红色圆角矩形

⑭ 选择"横排文字工具" **T**，在搜索栏内输入说明文字，如图 8-22 所示。

⑮ 添加图标。执行"文件"|"打开"命令，定位至配套资源中的"第 8 章 \8.2.1 制作主界面"文件夹，打开"搜索栏图标 .psd"文件，将"扫一扫""相机"图标放置在搜索栏的左侧，如图 8-23 所示。

▲ 图 8-22　输入文字　　　　　　　　　　▲ 图 8-23　添加图标

16 绘制导航栏。创建水平参考线，如图 8-24 所示，帮助确定导航栏的位置。

17 选择"直线工具" ✏，选择"形状"，填充灰色（#cccccc），按住 Shift 键绘制水平线段，如图 8-25 所示。

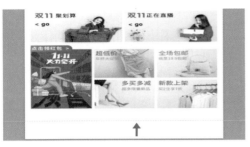

▲ 图 8-24　绘制参考线

▲ 图 8-25　绘制直线

> 提示　请读者打开"第8章\8.2.1 制作主界面\主界面.psd"文件，查看参考线的间距值。

18 添加图标。执行"文件"|"打开"命令，定位至配套资源中的"第 8 章\8.2.1 制作主界面"文件夹，打开"导航栏图标.psd"文件，将图标放置在导航栏的位置，如图 8-26 所示。

19 选择"横排文字工具" T，在图标的下方输入说明文字，如图 8-27 所示。

▲ 图 8-26　添加图标

▲ 图 8-27　输入文字

20 选择"矩形工具" ▢，在"属性"面板中设置"形状宽度"为 42 像素，"形状高度"为 36 像素，圆角半径为 10 像素，填充红色（#ff204a），绘制效果如图 8-28 所示。

21 选择"横排文字工具" T，输入说明文字，如图 8-29 所示。

▲ 图 8-28　绘制圆角矩形

▲ 图 8-29　输入文字

22 添加状态栏。执行"文件"|"打开"命令，定位至配套资源中的"第 8 章\8.2.1 制作主界面"文件夹，打开"状态栏.psd"文件，将状态栏放置在界面的上方，效果如图 8-30 所示。

> 提示　状态栏包括图标、文字，为方便读者练习，本节已将状态存储为独立文件，绘图时直接调用即可。

▲ 图 8-30　添加状态栏

8.2.2　制作分类界面

分类界面包括商品展示、销售信息，通过浏览分类界面，可以快速了解同类型商品，选中心仪商品可以进入详情界面继续深入了解。

1. 设计思路

本实例制作的是分类界面。以列表的方式展示商品信息，并将销售信息统一安排在商品图片的下方，方便用户对照浏览。制作流程如图 8-31 所示。

▲ 图 8-31　制作流程

2. 制作步骤

❶ 复制一份在 8.2.1 节制作的"主界面 .psd"文件，在此基础上制作分类界面，把多余的图层删除，保留状态栏、底部导航栏，如图 8-32 所示。

❷ 将鼠标指针置于标尺之上，待指针显示为 形状时，按住鼠标左键不放，向绘图区拖动鼠标，即可创建参考线，如图 8-33 所示。

❸ 选择"矩形工具" ，选择"形状"，在"属性"面板中设置"形状宽度"为 750 像素，"形状高度"为 188 像素，圆角半径为 0 像素，填充浅灰色（#e4e4e4），绘制矩形，如图 8-34 所示。

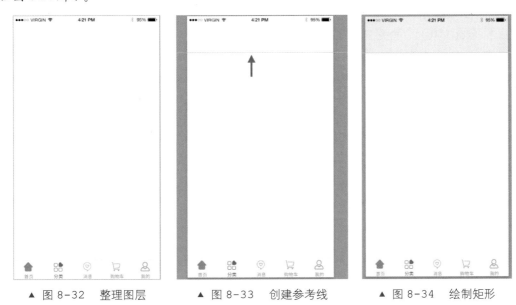

▲ 图 8-32　整理图层　　　　▲ 图 8-33　创建参考线　　　　▲ 图 8-34　绘制矩形

❹ 将鼠标指针置于标尺之上，待指针显示为 形状时，按住鼠标左键不放，向绘图区拖动鼠标，创建参考线，如图 8-35 所示。

❺ 选择"矩形工具" ，选择"形状"，在"属性"面板中设置"形状宽度"为 330 像素，"形状高度"为 540 像素，圆角半径为 10 像素，填充白色（#ffffff），绘制矩形。双击矩形图层，打开"图层样式"对话框，选择"投影"样式，为矩形添加投影效果，如图 8-36 所示。

▲ 图 8-35　创建参考线　　　　　　　　▲ 图 8-36　绘制矩形

提示 💡 可以打开"第8章\8.2.2 制作分类界面\分类界面.psd"文件，查看参考线的间距值。

❻ 将鼠标指针置于标尺之上，待指针显示为 ⬇ 形状时，按住鼠标左键不放，向下拖动鼠标，创建参考线，如图 8-37 所示。

❼ 选择"矩形工具" ▭，选择"形状"，在"属性"面板中设置"形状宽度"为 330 像素，"形状高度"为 440 像素，圆角半径为 10 像素，设置"填充"为无，为"描边"填充红色（#d03440），绘制圆角矩形，如图 8-38 所示。

❽ 继续选择"矩形工具" ▭，选择"形状"，在"属性"面板中设置"形状宽度"为 330 像素，"形状高度"为 46 像素，圆角半径为 8.5 像素，填充红色（#d03440），绘制圆角矩形，如图 8-39 所示。

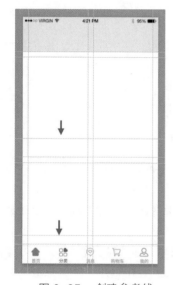
▲ 图 8-37　创建参考线

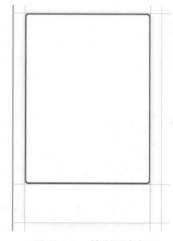
▲ 图 8-38　绘制圆角矩形

▲ 图 8-39　绘制红色圆角矩形

❾ 选择"钢笔工具" ✒，选择"形状"，填充红色（#d03440），设置"描边"为无，绘制如图 8-40 所示的形状。

❿ 选择"矩形工具" ▭，选择"形状"，在"属性"面板中设置"形状宽度"为 106 像素，"形状高度"为 51 像素，圆角半径为 8 像素，填充白色（#ffffff），绘制圆角矩形，如图 8-41 所示。

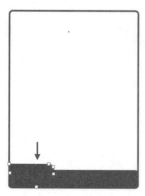
▲ 图 8-40　绘制形状

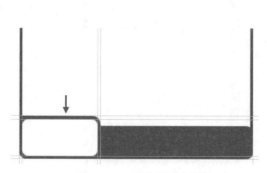
▲ 图 8-41　绘制圆角矩形

⑪ 选择"横排文字工具"，输入商品的销售信息，如图 8-42 所示。

⑫ 载入图片。执行"文件"|"打开"命令，定位至配套资源中的"第 8 章\8.2.2 制作分类界面"文件夹，打开商品照片，并放置在合适的位置，如图 8-43 所示。

▲ 图 8-42　输入文字

▲ 图 8-43　载入图片

⑬ 重复上述操作，复制矩形，并载入图片，输入商品信息，效果如图 8-44 所示。

⑭ 选择"横排文字工具"，在商品销售信息的上方输入说明文字，如图 8-45 所示。

▲ 图 8-44　操作效果

▲ 图 8-45　输入文字

⑮ 选择"矩形工具"，选择"形状"，在"属性"面板中设置"形状宽度"为 30 像素，"形状高度"为 4 像素，圆角半径为 2 像素，填充红色（#d03440），绘制圆角矩形，如图 8-46 所示。

⑯ 选择"钢笔工具"，选择"形状"，填充灰色（#666666），设置"描边"为无，绘制如图 8-47 所示的形状。

⑰ 绘制搜索栏。选择"矩形工具"，选择"形状"，在"属性"面板中设置"形状宽度"为 502 像素，"形状高度"为 60 像素，圆角半径为 30 像素，填充白色（#fcfcfc），绘制圆角矩形，如图 8-48 所示。

▲ 图 8-46　绘制圆角矩形

▲ 图 8-47　绘制形状

⓲ 选择"横排文字工具" **T**，在圆角矩形内输入说明文字，如图 8-49 所示。

▲ 图 8-48　绘制搜索栏

▲ 图 8-49　输入文字

⓳ 选择"钢笔工具" ⌀，选择"形状"，设置"填充"为无，设置"描边"为灰色（#666666），绘制如图 8-50 所示的形状。

⓴ 选择"矩形工具" ▭，选择"形状"，分别绘制 31 像素 ×3 像素、5 像素 ×3 像素的矩形，圆角半径为 0 像素，填充黑色（#000000），绘制矩形。选择"横排文字工具" **T**，在矩形的下方输入说明文字，绘制效果如图 8-51 所示。

㉑ 载入图标。执行"文件"|"打开"命令，定位至配套资源中的"第 8 章 \8.2.2 制作分类界面"文件夹，打开"消息图标 .psd"文件，将图标放置在合适的位置，并调整大小，如图 8-52 所示。

▲ 图 8-50　绘制形状

▲ 图 8-51　绘制矩形

▲ 图 8-52　载入图标

㉒ 选择"椭圆工具" ◯，选择"形状"，在"属性"面板中设置"形状宽度"为 28 像素，"形状高度"为 28 像素，填充红色（#d03440），绘制圆形。选择"横排文字工具" **T**，在圆形的内部输入说明文字，绘制效果如图 8-53 所示。

㉓ 分类界面的绘制效果如图 8-54 所示。

▲ 图 8-53　绘制效果

▲ 图 8-54　分类界面

8.2.3 制作详情界面

当用户在分类界面中选择心仪的商品后，就可以进入商品的详情界面浏览详细信息，包括商品展示、销售信息等。

1. 设计思路

本实例制作的详情界面延续红色风格，以展示商品为主，附有详细的销售信息，如图 8-55 所示为制作流程。

▲ 图 8-55　制作流程

2. 制作步骤

❶ 复制一份在 8.2.2 节中制作的"分类界面 .psd"文件，在此基础上制作详情界面。把多余的图层删除，保留状态栏，如图 8-56 所示。

❷ 将鼠标指针置于标尺之上，待指针显示为 形状时，按住鼠标左键不放，向下拖动鼠标，创建参考线，如图 8-57 所示。

❸ 载入图片。执行"文件"|"打开"命令，定位至配套资源中的"第 8 章 \8.2.3 制作详情界面"文件夹，打开商品照片，并放置在合适的位置，如图 8-58 所示。

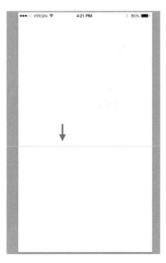

▲ 图 8-56　整理图层　　▲ 图 8-57　创建参考线　　▲ 图 8-58　载入图片

④ 将鼠标指针置于标尺之上，待指针显示为 形状时，按住鼠标左键不放，向下拖动鼠标，创建参考线，如图 8-59 所示。

⑤ 选择"直线工具" ，选择"形状"，填充灰色（#d5d5d5），按住 Shift 键绘制水平线段与垂直线段，如图 8-60 所示。

▲ 图 8-59　创建参考线　　　　　　　　　▲ 图 8-60　绘制线段

提示　可以打开"第 8 章 \ 8.2.3 制作详情界面 \ 详情界面 .psd"文件，查看参考线的间距值。

⑥ 将鼠标指针置于标尺之上，待指针显示为 形状时，按住鼠标左键不放，向右拖动鼠标，创建参考线，如图 8-61 所示。

⑦ 继续选择"直线工具" ，绘制如图 8-62 所示的线段。

⑧ 继续选择"矩形工具" ，选择"形状"，在"属性"面板中设置"形状宽度"为 243 像素，"形状高度"为 100 像素，圆角半径为 0 像素，填充红色（#ff204a），绘制矩形，如图 8-63 所示。

▲ 图 8-61　创建参考线　　▲ 图 8-62　绘制线段　　▲ 图 8-63　绘制效果

⑨ 选择在上一步骤中绘制的矩形，按住 Alt 键，向左移动复制。双击矩形图层，打开"图层样式"对话框，添加"渐变叠加"样式，如图 8-64 所示。

⑩ 选择"矩形工具" ▭，选择"形状"，在"属性"面板中设置"形状宽度"为 152 像素，"形状高度"为 32 像素，圆角半径为 5 像素，填充粉红色（#ffdde3），绘制圆角矩形，如图 8-65 所示。

▲ 图 8-64　为矩形添加"渐变叠加"样式

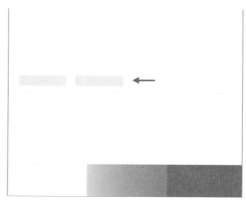

▲ 图 8-65　绘制圆角矩形

⑪ 继续选择"矩形工具" ▭，选择"形状"，在"属性"面板中设置"形状宽度"为 109 像素，"形状高度"为 32 像素，圆角半径为 5 像素，填充粉红色（#ffdde3），绘制圆角矩形，如图 8-66 所示。

⑫ 单击"矩形工具"按钮 ▭，选择"形状"，在"属性"面板中设置"形状宽度"为 155 像素，"形状高度"为 43 像素，圆角半径为 21.5 像素，填充红色（#ff204a），绘制圆角矩形，如图 8-67 所示。

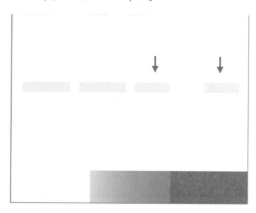

▲ 图 8-66　绘制圆角矩形

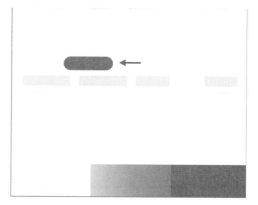

▲ 图 8-67　绘制圆角矩形

⑬ 选择"矩形工具" ▭，选择"形状"，在"属性"面板中设置"形状宽度"为 124 像素，"形状高度"为 32 像素，圆角半径为 16 像素，填充金黄色（#f9c23f），绘制圆角矩形，如图 8-68 所示。

⑭ 单击"矩形工具"按钮 ▭，选择"形状"，在"属性"面板中设置"形状宽度"为 88 像素，"形状高度"为 32 像素，圆角半径为 16 像素，填充红色（#ff204a），绘制圆角矩形如图 8-69 所示。

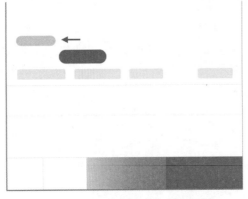

▲ 图 8-68　绘制金黄色圆角矩形 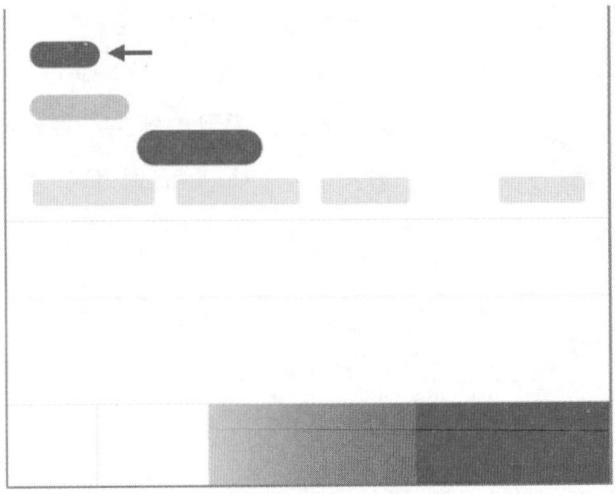　　　　▲ 图 8-69　绘制红色圆角矩形

⑮ 选择"横排文字工具" **T.**，输入销售信息，如图 8-70 所示。

⑯ 选择"椭圆工具" ○，选择"形状"，在"属性"面板中设置"形状宽度"为 24 像素，"形状高度"为 24 像素，选择"填充"为无，设置"描边"为蓝色（#6b74d3），绘制效果如图 8-71 所示。

▲ 图 8-70　输入销售信息 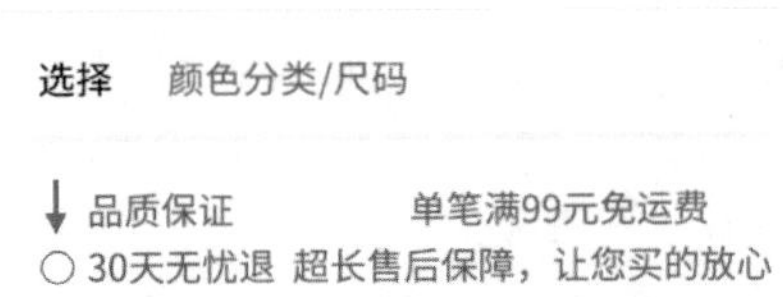　　　　　　　▲ 图 8-71　绘制圆形

⑰ 选择"钢笔工具" ∅，选择"形状"，选择"填充"为无，设置"描边"为蓝色（#6b74d3），在圆形内绘制如图 8-72 所示的对钩形状。

⑱ 选择绘制完成的圆形和对钩，按住 Alt 键，移动复制两个副本，并调整其位置，如图 8-73 所示。

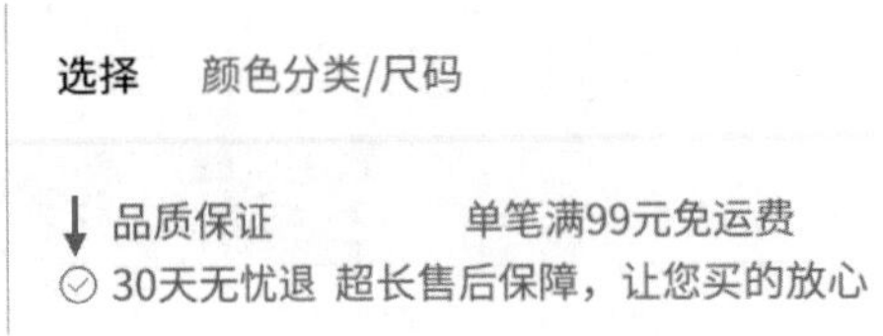

▲ 图 8-72　绘制对钩 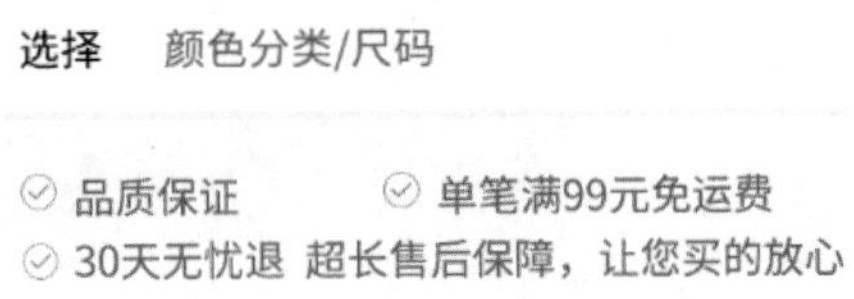　　　　　　　　　▲ 图 8-73　复制图形

⑲ 载入图标。执行"文件"|"打开"命令，定位至配套资源中的"第 8 章 \8.2.3 制作详情页界面"文件夹，打开"详情页图标 .psd"文件，将"收藏""购物车"图标放置在合适的位置，并调整大小，如图 8-74 所示。

⑳ 选择"椭圆工具" ○，选择"形状"，在"属性"面板中设置"形状宽度"为 28 像素，"形状高度"为 28 像素，填充红色（#ff204a）。选择"横排文字工具" **T.**，在圆形内输入数字，如图 8-75 所示。

▲ 图 8-74 载入图标

▲ 图 8-75 绘制图形

㉑ 继续选择"椭圆工具"◯，选择"形状"，在"属性"面板中设置"形状宽度"为64像素，"形状高度"为64像素，填充灰色（#a6a8a4），如图8-76所示。

㉒ 载入图标。执行"文件"|"打开"命令，定位至配套资源中的"第8章\8.2.3 制作详情页界面"文件夹，打开"详情页图标.psd"文件，将"返回""购物车""收藏"图标放置在合适的位置，并调整大小，如图8-77所示。

▲ 图 8-76 绘制圆形

▲ 图 8-77 载入图标

㉓ 选择"矩形工具"▢，选择"形状"，在"属性"面板中设置"形状宽度"为79像素，"形状高度"为113像素，圆角半径为10像素，填充红色（#ff204a），绘制圆角矩形，如图8-78所示。

㉔ 选择"椭圆工具"◯，选择"形状"，在"属性"面板中设置"形状宽度"为53像素，"形状高度"为53像素，填充白色（#ffffff），绘制圆形，如图8-79所示。

▲ 图 8-78 绘制圆角矩形

▲ 图 8-79 绘制圆形

㉕ 选择"矩形工具" ▢，选择"形状"，在"属性"面板中设置"形状宽度"为 4 像素，"形状高度"分别为 34 像素、25 像素、17 像素、27 像素，圆角半径均为 0 像素，填充黑色（#000000），绘制矩形，如图 8-80 所示。

㉖ 选择"横排文字工具" T，输入说明文字，如图 8-81 所示。

▲ 图 8-80　绘制矩形

▲ 图 8-81　输入文字

㉗ 选择"矩形工具" ▢，选择"形状"，分别绘制尺寸为 6 像素 × 12 像素、68 像素 × 10 像素的矩形，圆角半径均为 0 像素，填充蓝色（#6b74d3）与灰色（#999999），绘制矩形，如图 8-82 所示。

㉘ 详情界面的绘制效果如图 8-83 所示。

▲ 图 8-82　绘制矩形

▲ 图 8-83　详情界面

8.3　设计师心得

下面将 APP 相关的专业知识分享给大家。

8.3.1　APP 中反馈提示的设计方法

很多新手设计师不懂为什么要设计反馈。以人与人的交流为例，若对方对自己说的话没有反应、视而不见感受肯定不好。

而及时恰当的反馈能够告诉用户下一步该做什么，帮助用户做出判断和决定。

1. 反馈的形式

反馈的形式多样，所有的提示都应该在恰当的时候出现在恰当的位置，用简短而清晰的方式提供有用的信息，会让人心生好感。

❑ 气泡状提示

- 通常用于告知任务状态、操作结果，短暂出现在画面上，就像气泡一样过一会儿就会消失，并不需要对其进行任何操作。
- 带有一个指向具体位置的尖角，提示用户需要关注哪个位置。这种引导类的提示通常不会很快消失。

不足之处是容易被用户忽略，所以不适合承载太多文字或重要信息。

❑ 弹出框

一般会带有一两句说明文字和两个操作按钮，用于确认和取消重要操作（比如，是否删除内容）。通常会使用明显的颜色，突出显示可能造成用户损失的操作项（如"删除""不保存"）。

弹出框的出现，会强迫用户关注弹出框的内容，并屏蔽背景的所有内容，会对用户造成较大打扰。

弹出框内的说明文字、按钮，最好言简意赅、一目了然，能帮助用户快速做出决策。因为通常用户都想赶快关掉弹出框，以便接着完成被打断的操作。设计过程中要避免滥用弹出框来提示操作，对于不太重要又要反馈的事可以用气泡来提示。

❑ 按钮/图标/链接的按下状态

这是基于人在现实生活中看到一个按钮就会有想伸手去按的欲望而设计的。当用户在屏幕上按下一个按钮或链接时，也需要有状态的改变，让用户知道界面已经接收到此操作。

- 声音：如虚拟键盘在按下时发出的咔嚓声；短信、邮件发送成功时发出的"嗖"的一声；使用微信扫一扫后手机发出的咔嚓声；拍照 APP 按下"拍摄"按钮时的咔嚓声等。恰当使用声音反馈有点睛效果，但过多使用反而会造成一种干扰。因此，不能将声音作为主要反馈形式，并且要给用户关闭提示音的权利（因为用户所处的环境多样，可能因为很嘈杂而听不见声音，也有可能不适合打开声音）。
- 振动：这是一种比较强烈的触觉反馈，可用来代替或加强声音提示。在手机系统中应用广泛，如来电、短信、已连接充电等，但在手机 APP 中较少用到。
- 动画：给用户提供有意义的反馈，帮助用户直观地了解操作的结果。精美有趣的动画，能给用户留下深刻印象，提升使用时的愉悦感，甚至成为产品吸引用户的一个因素。

iOS 系统在删除邮件、照片时，通过拟物化的动画效果，让用户知道操作已经生效。这种形象的动画，能帮助用户清晰感受到操作的执行过程，并增添了乐趣。

在一些会持续比较久的操作里，如下载、删除大量文件，用动态的进度条显示操作的进度，并在可能的时候提供解释信息，能够减少用户的焦虑情绪。或者添加下拉刷新、上滑加载的操作，可以让等待不再枯燥。

2. 反馈的内容

反馈的内容包括以下几个方面。

❑ **信息**

文字信息应该简洁易懂，避免使用倒装句，最好一两句话就能将意思表达清楚。避免使用过于程序化的语言。页面已有详细说明文字的操作，其反馈信息可以简单一些，不必重复页面已有文字。如昵称，界面上已有格式要求时，反馈错误时只需提示"昵称不符合要求"。适当使用图标，可以吸引用户注意，帮助用户判断提示的类型。

❑ **警告**

警告框，用于向用户展示对使用程序有重要影响的信息。警告一般浮现在页面的中央，覆盖在主程序之上。它的出现，是由于程序或设备的状态发生了重要变动，并不一定是用户最近的操作所导致。

在通常情况下，至少有一个按钮使用户点击后即可关闭窗口。一般会有标题，并展示额外的辅助信息。

❑ **错误**

提示用户操作出现了问题或异常，无法继续执行。提示用户为什么操作被中断，以及出现了什么错误。错误信息要尽量准确、通俗易懂。有效的提示信息要解释错误发生的原因，并提供解决方案，使用户能够从错误中恢复。

❑ **确认**

用于询问用户是否要继续某个操作，让用户进一步确认，为用户提供可反悔、可撤销的退路。当用户的操作结果较危险或不可逆时，通过二次选择和确认，防止用户误操作。

3. 反馈出现的位置

反馈信息会出现在手机界面中的哪些位置？下面进行介绍。

- 状态栏：在状态栏中出现反馈信息，能很好地利用空间。但是位置不是很明显，建议只提示重要程度不高或有跨画面显示需求的提示。
- 导航栏：一般是连接状态的展示，表示产品正在努力连接网络、获取数据中，适合显示临时的比较重要的提示信息。
- 内容区上方：位置在内容区上方、导航栏下方，通常为下拉刷新，是加载新内容的一种快捷方式。默认的提示信息是隐藏的，向下滑动页面时才显示对应的提示信息，引导用户操作。
- 屏幕中心通常为整体性比较重要的信息提示区，需要引起用户重视的系统提示均可以显示在此位置。
- 菜单栏上方可根据需要灵活使用，基本没有限制，可以是整体信息的提示，也可以是与界面底部内容相关的提示，如加载更多内容、或提示图片正在上传中，等等。
- 底部（覆盖菜单栏）：在此位置显示提示信息，并没有什么特别的好处，或许是对于新形式的一种追求。

4. 反馈的设计原则

- 为用户在各个阶段的操作提供必要、积极、及时的反馈。
- 避免过度反馈，以免给用户带来不必要的干扰。
- 能够及时看到效果、简单的操作，可以省略反馈提示。
- 所提供的反馈，要能让用户用最便捷的方式完成选择。

- 为不同类型的反馈作差异化设计。
- 不要打断用户的意识流，避免遮挡用户可能回去查看或操作的对象。

8.3.2 如何做好扁平化设计

扁平化的特点是十分鲜明的，把握扁平化的特点才能做好扁平化设计。

1. 拒绝特效

扁平化设计概念最核心的地方就是放弃一切装饰效果，如阴影、透视、纹理、渐变等能做出 3D 效果的方式一概不用。所有元素的边界都干净利落，没有任何附加效果。这一设计趋势极力避免任何拟物化设计的元素，导致这一设计风格在其他平台有时候显得突兀，前景图片、按钮、文本和导航栏与背景图片格格不入，各成一派。

因为这种设计有着鲜明的视觉效果，所使用的元素之间有清晰的层次和布局，使得用户能直观地了解每个元素的作用以及交互方式。如今从网页到手机应用无不在使用扁平化的设计风格，尤其在手机上，因为屏幕的限制，使得这一风格在用户体验上更有优势，更少的按钮和选项使得界面干净整齐，使用起来格外简单，如图 8-84 所示。

▲ 图 8-84　拒绝特效

2. 界面元素

扁平化设计通常采用许多简单的用户界面元素，如按钮或者图标等。设计师们通常坚持使用简单的外形，如矩形或者圆形，并且尽量突出外形。这些界面元素方便用户点击，能极大地减少用户学习新的交互方式的成本，因为用户凭经验就能大概知道每个按钮的作用。

此外，扁平化设计除了简单的形状之外，还包括大胆的配色。但是需要注意的是，扁平化设计不是说简单地使用形状和颜色搭配，和其他设计风格一样，它也涉及许多概念与方法，如图 8-85 所示。

3. 优化排版

由于扁平化设计使用特别简单的元素，排版就成了很重要的环节，版式会直接影响视觉效果，甚至可能会间接影响用户体验。

▲ 图 8-85　简单的用户界面元素

　　字体是页面中很重要的一部分，和其他元素相辅相成。如图 8-86 所示是一些扁平化网站使用无衬线字体的例子。无衬线字体家族分支众多，其中有些字体在特殊的情境下会有意想不到的效果。但应注意，过犹不及，不要使用那些极为生僻的字体。

▲ 图 8-86　优化排版

4. 惯用明亮配色

　　在扁平化设计中，配色是很重要的一环，通常采用比其他风格更明亮、炫丽的颜色。同时，扁平化设计中的配色还意味着更多的色调。如其他设计最多只包含两三种主要颜色，但是扁平化设计中会平均使用六到八种颜色，如图 8-87 所示。

　　在扁平化设计中，往往倾向于使用单色调，尤其是纯色，并且不做任何淡化或柔化处理，最受欢迎的颜色是纯色和二次色。另外还有一些颜色也比较受欢迎，如复古色、浅橙、紫色、绿色、蓝色等，如图 8-88 所示。

5. 最简方案

　　设计师要尽量简化自己的设计方案，避免出现不必要的元素。简单的颜色和字体就已足够，如果还想丰富界面，尽量选择简单的图案。扁平化设计尤其对一些做零售的网站帮助巨大，它能很有效地把商品组织起来，以简单合理的方式排列。

▲ 图 8-87　更多的色调

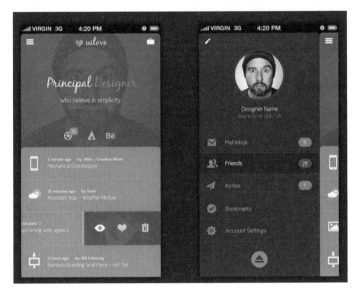

▲ 图 8-88　复古色

第**9**章
宠物类 APP UI 设计

养宠物已成为社会的普遍现象，如何护理宠物也成为人们关注的话题之一。宠物的衣食住行与宠物的健康息息相关，相关行业也蓬勃发展。本章介绍宠物类 APP 界面的制作，效果如图 9-1 所示。

在宠物类 APP 上，养宠物的人可以互相交流，获得更多的资讯，帮助宠物健康成长。

▲ 图 9-1　界面效果

9.1 ▼ 设计准备与规划

关于这个案例的前期准备与规划，主要是收集了一些图片素材，依据宠物的特点，要设计出温馨的配色方案以及人性化的操作界面。

9.1.1 素材准备

本案例主要以图片素材为主，加上辅助素材（包括图标及各种形状），制作一个简约时尚的宠物类 APP 界面。如图 9-2 所示是部分素材的展示。

▲ 图 9-2　参考素材

▲ 图 9-2　参考素材（续）

9.1.2　界面布局规划

在本章中介绍首页、详情页与个人主页的制作。在开始绘制界面之前，先规划界面。如状态栏通常位于界面的上方，显示当前手机状况，包括时间、通信信号、网络信号、电量等。每个界面都不同，但是某些分区却不会改变，如状态栏的位置通常固定在界面的上方。

如图 9-3 所示为对三个界面的规划结果。

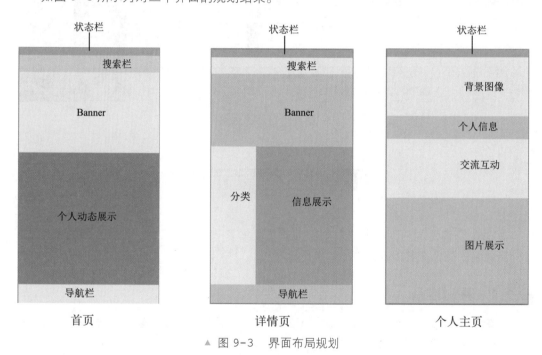

▲ 图 9-3　界面布局规划

9.1.3　确定风格与配色

评价事物的好坏带有很大的主观性，每个人的审美观点都不同，如何能够迎合大多数人的审美需求？这是设计师一直以来都在探讨的问题。

本例宠物 APP，摒除多余的装饰，以时尚简约为设计理念，在力求画面整洁大方的同时，借助宠物图片丰富界面。此外，宠物图片的天然背景就能提供很和谐的配色，再添加装饰元素，反而显得冗余。

Banner 和按钮选择黄色，富有趣味，醒目且为用户提供指示。

如图 9-4 所示为呼伦贝尔大草原鲜花盛开、草地茂盛的景象，色调鲜明跳跃，活泼动人。如图 9-5 所示为甘肃金塔胡杨林景区实拍，满目金黄，却层次分明。

本例宠物 APP 就是从这些自然景象中获取灵感，选择适合的风格与配色。读者在苦思冥想 APP 的配色时，不妨多到大自然中走走看看。

▲ 图 9-4　呼伦贝尔大草原

▲ 图 9-5　胡杨林景区

9.2 界面制作

在收集到足够的素材以后，根据已经构架好的设计思路，从首页开始制作这款宠物 APP 界面。在设计的过程中，注意一定不能偏离设计好的框架，要时刻注意前后整体的风格、颜色、结构。

在制作的过程中，将介绍利用"图层蒙版"工具编辑图片的方法，具体的制作方法如下。

9.2.1 首页

首页主要是用来展示个人动态的界面，在设计中，要注重图文的结合，以及在界面中的版式设计，应既突出重点，又简洁明了。

1. 设计思路

在主页中，除了展示个人动态外，还将通过 Banner 展示相关的宠物信息。通过单击 Banner 左下角的按钮，可以进入详情页面，查看详细介绍。

如图 9-6 所示为制作流程。

2. 制作步骤

❶ 启动 Photoshop 软件，执行"文件"|"新建"命令，在"新建文档"对话框中，设置"宽度"为 750 像素，"高度"为 1330 像素，"分辨率"为 72 像素 / 英寸，其他参数保持默认值，如图 9-7 所示，单击"创建"按钮新建文档。执行"文件"|"存储"命令，选择存储路径，重命名文档为"首页"，保存到计算机中。

❷ 将鼠标指针置于标尺之上，待指针显示为 形状时，按住鼠标左键不放，向绘图区拖动鼠标，即可创建参考线，如图 9-8 所示。

❸ 选择"矩形工具" ，选择"形状"，在"属性"面板中设置"形状宽度"为 690 像素，"形状高度"为 297 像素，圆角半径为 10 像素，填充黑色（#000000），绘制矩形，

如图9-9所示。

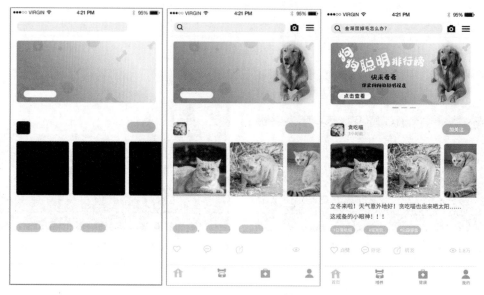

▲ 图 9-6　制作流程

▲ 图 9-7　设置参数

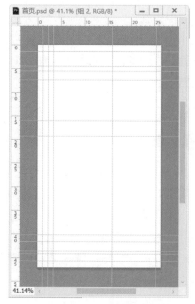

▲ 图 9-8　创建参考线

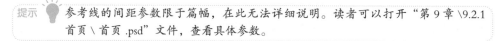

提示　参考线的间距参数限于篇幅，在此无法详细说明。读者可以打开"第 9 章 \9.2.1 首页 \ 首页 .psd"文件，查看具体参数。

④ 双击矩形图层，在"图层样式"对话框中选择"渐变叠加"选项，设置参数如图 9-10 所示。

⑤ 选择"矩形工具" ▢，选择"形状"，在"属性"面板中设置"形状宽度"为 260 像素，"形状高度"为 260 像素，圆角半径为 10 像素，填充黑色（#000000），绘制矩形，如图 9-11 所示。

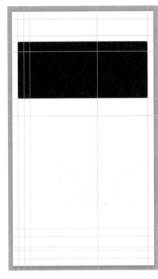

▲ 图 9-9　绘制矩形　　　　　　　　　　▲ 图 9-10　添加"渐变叠加"效果

⑥　继续选择"矩形工具"　，选择"形状"，绘制尺寸为 140 像素 ×52 像素（圆角半径为 25.5 像素）、120 像素 ×44 像素（圆角半径为 21.5 像素）的矩形，填充黄色（#f7b401），如图 9-12 所示。

⑦　重复上述操作，继续绘制 549 像素 ×49 像素的矩形，圆角半径为 20 像素，填充浅灰色（#f0efef），如图 9-13 所示。

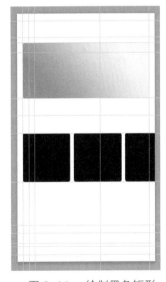
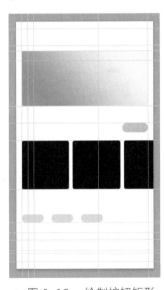
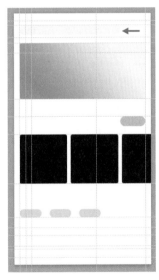

▲ 图 9-11　绘制黑色矩形　　　▲ 图 9-12　绘制按钮矩形　　　▲ 图 9-13　绘制搜索栏矩形

提示　在绘图的过程中，会随时根据需要添加或删除参考线。请读者查看步骤截图，通过增减参考线来帮助确定图形的位置。

⑧　载入状态栏。执行"文件"|"打开"命令，定位至配套资源中的"第 9 章 \9.2.1 首页"文件夹，打开"图标 .psd"文件，将状态栏放置在页面的上方，并调整大小，如图 9-14 所示。

⑨　创建导航栏。从"图标 .psd"文件中选择合适的图标，放置在页面的下方，根据参

考线确定图标的位置，如图 9-15 所示。

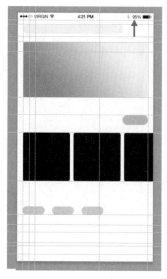

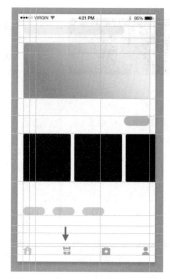

▲ 图 9-14　载入状态栏　　　　　　　　　　　▲ 图 9-15　添加导航栏图标

⑩ 选择"矩形工具"□，选择"形状"，绘制尺寸为 750 像素 ×128 像素（圆角半径为 0 像素）的矩形，填充白色（#ffffff），放置在状态栏和搜索栏的下方。

⑪ 双击矩形图层，打开"图层样式"对话框，选择"投影"选项，为其添加投影，如图 9-16 所示。

⑫ 添加背景图标。从"图标.psd"文件中选择合适的图标，放置在 Banner 矩形中，并调整大小和位置，如图 9-17 所示。

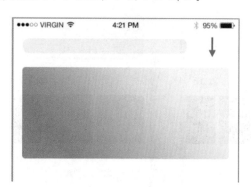

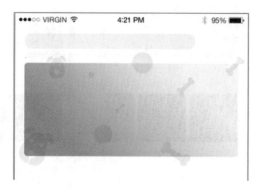

▲ 图 9-16　添加投影效果　　　　　　　　　　▲ 图 9-17　添加背景图标

⑬ 选中图标图层，在"图层"面板下方单击"添加图层蒙版"按钮▢，如图 9-18 所示。选择"画笔工具"✐，将前景色设置为黑色，擦除图片超出矩形的多余部分。

⑭ 选择"矩形工具"□，选择"形状"，在"属性"面板中设置"形状宽度"为 162 像素，"形状高度"为 34 像素，圆角半径为 17 像素，填充白色（#ffffff），绘制矩形，如图 9-19 所示。

⑮ 载入图片。执行"文件"|"打开"命令，定位至配套资源中的"第 9 章\9.2.1 首页"文件夹，打开金毛犬图片，放置在 Banner 矩形的右侧。

⑯ 双击图片图层，在"图层样式"对话框中选择"投影"选项，设置参数如图 9-20 所示。

⑰ 载入图片。执行"文件"|"打开"命令，定位至配套资源中的"第 9 章\9.2.1 首页"

文件夹，打开猫咪图片，放置在"矩形"图层的上方，如图9-21所示。

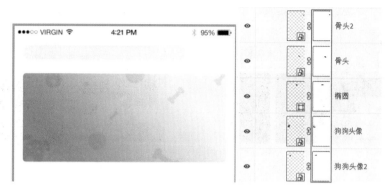

▲ 图 9-18　添加图层蒙版

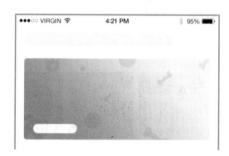

▲ 图 9-19　绘制矩形

▲ 图 9-20　添加图片

⑱ 选中"矩形"图层，按住Ctrl键后用鼠标左键单击图层，创建选区，如图9-22所示。

⑲ 选中"猫咪"图层，在"图层"面板下方单击"添加图层蒙版"按钮，隐藏图片的多余部分，结果如图9-23所示。

⑳ 重复上述操作，载入图片、添加图层蒙版，操作效果如图9-24所示。

㉑ 添加图标。从"图标.psd"文件中选择合适的图标，放置在搜索栏中，并调整大小和位置，如图9-25所示。

㉒ 添加动态图标。从"图标.psd"文件中选择点赞、评论、转发、查看图标，根据参考线确定位置，并调整大小，如图9-26所示。

㉓ 选择"矩形工具"，选择"形状"，在"属性"面板中设置"形状宽度"为67像素，"形状高度"为62像素，圆角半径为10像素，填充黑色（#000000），绘制矩形，如图9-27所示。

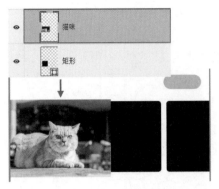

▲ 图 9-21　载入图片

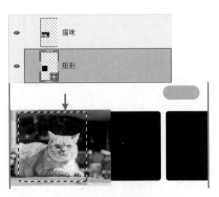

▲ 图 9-22　创建选区

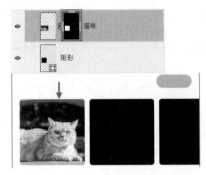

▲ 图 9-23　创建图层蒙版

▲ 图 9-24　操作效果

▲ 图 9-25　添加图标

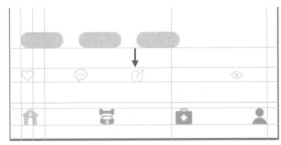

▲ 图 9-26　添加状态图标

㉔ 载入图片。执行"文件"|"打开"命令,定位至配套资源中的"第9章\9.2.1首页"文件夹,打开猫咪头像图片,放置在"头像矩形"图层的上方,创建图层蒙版,隐藏图片的多余部分,如图9-28所示。

▲ 图 9-27　绘制矩形

▲ 图 9-28　添加头像图片

㉕ 绘制轮播按钮。选择"矩形工具" ▭,选择"形状",在"属性"面板中设置"形状宽度"为30像素,"形状高度"为6像素,圆角半径为2.5像素,填充黄色(#ffbb00)、灰色(#cccccc),绘制矩形,如图9-29所示。

㉖ 选择"横排文字工具" **T**,在页面中输入说明文字,首页的绘制效果如图9-30所示。

▲ 图 9-29　绘制轮播按钮

▲ 图 9-30　首页

9.2.2　详情页

在详情页中显示APP的分类信息。在本例APP中,切换至"喂养"详情页,可以查阅宠物的喂养技巧。为了方便用户查阅或提问,根据宠物的类别规划信息。用户可以选择不同的宠物类别,进入相关页面,得到喂养宠物的指导。

1. 设计思路

根据APP设计的基本原则,此界面仍然延续简约风格,这样既能保证设计的连贯性,又能统一画面，重复的背景设计。可以刺激用户的感官，增强用户的体验印象，制作流程如图 9-31 所示。

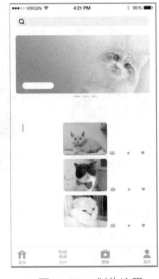

▲ 图 9-31　制作流程

2. 制作步骤

① 复制一份在 9.2.1 节中制作的"首页 .psd"文件，在此基础上制作详情页。把多余的图层删除，保留状态栏、搜索栏、Banner、轮播按钮及底部导航栏。

② 将鼠标指针置于标尺之上，待指针显示为 形状时，按住鼠标左键不放，向绘图区拖动鼠标，即可创建参考线，如图 9-32 所示。

③ 选择"矩形工具" ，选择"形状"，在"属性"面板中设置"形状宽度"为 224 像素，"形状高度"为 164 像素，圆角半径为 10 像素，填充黑色（#000000），绘制矩形，如图 9-33 所示。

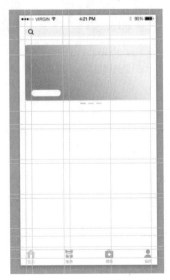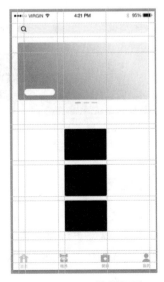

▲ 图 9-32　整理图层并创建参考线　　　　▲ 图 9-33　绘制矩形

④ 载入图片。执行"文件"|"打开"命令，定位至配套资源中的"第9章\9.2.2 详情页"文件夹，打开猫咪图片，并放置在"矩形"图层的上方，如图9-34所示。

⑤ 选中"矩形"图层，按住 Ctrl 键后用鼠标左键单击图层创建选区，如图9-35所示。

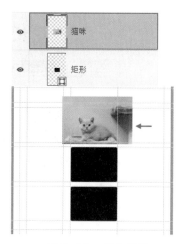

▲ 图 9-34　载入图片

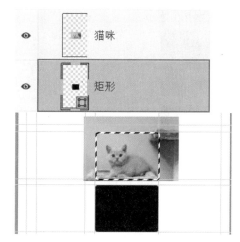

▲ 图 9-35　创建选区

⑥ 选中"猫咪"图层，在"图层"面板下方单击"添加图层蒙版"按钮▢，隐藏图片的多余部分，效果如图9-36所示。

⑦ 重复上述操作，载入猫咪图片、创建图层蒙版，操作效果如图9-37所示。

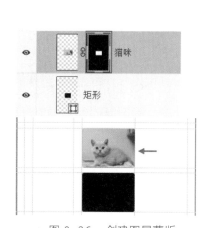

▲ 图 9-36　创建图层蒙版

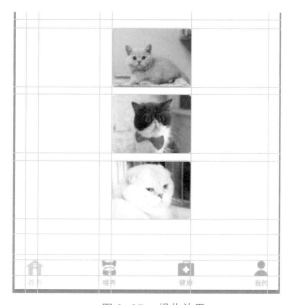

▲ 图 9-37　操作效果

⑧ 载入图标。执行"文件"|"打开"命令，定位至配套资源中的"第9章\9.2.2 详情页"文件夹，打开"图标.psd"文件，将图标放置在合适的位置，并调整大小，如图9-38所示。

⑨ 选择"矩形工具"▢，选择"形状"，在"属性"面板中设置"形状宽度"为3像素，"形状高度"为40像素，圆角半径为0像素，填充红色（#ef3b04），绘制矩形，如图9-39所示。

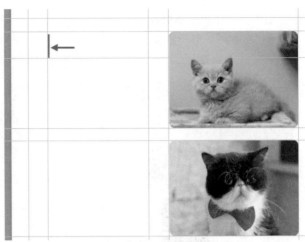

▲ 图 9-38　载入图标　　　　　　　　　　　　　　　　▲ 图 9-39　绘制矩形

⑩　在导航栏上双击"首页"图标，打开"图层样式"对话框，在"颜色叠加"选项设置界面中选择灰色（#999999），更改图标的颜色。同样将"首页"文字更改为灰色（#999999），如图 9-40 所示。

⑪　在导航栏中双击"喂养"图标，在"图层样式"对话框中选择"颜色叠加"选项，选择黄色（#fcc332），更改图标颜色。接着更改"喂养"文字为黄色（#fcc332），如图 9-41 所示。

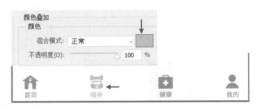

▲ 图 9-40　更改图标和文字为灰色　　　　　　　　　▲ 图 9-41　更改图标和文字为黄色

> 提示　在导航栏中将图标和文字都更改为黄色，表示当前页面。如"喂养"图标和文字显示为黄色，则当前处在"喂养"页面。

⑫　载入图片。执行"文件"|"打开"命令，定位至配套资源中的"第 9 章 \9.2.2 详情页"文件夹，打开歪头猫咪图片，并放置在"矩形 banner"图层的上方，如图 9-42 所示。

⑬　选中"矩形 banner"图层，按住 Ctrl 键后用鼠标左键单击图层创建选区，如图 9-43 所示。

⑭　选中"歪头猫咪"图层，在"图层"面板下方单击"添加图层蒙版"按钮，隐藏图片的多余部分，效果如图 9-44 所示。

⑮　选择"画笔工具"，设置前景色为黑色，在图层蒙版中擦除图片的多余部分，效果如图 9-45 所示。

⑯　执行完上述操作后，页面效果如图 9-46 所示。

⑰　选择"横排文字工具"，在页面中输入说明文字，详情页的绘制效果如图 9-47 所示。

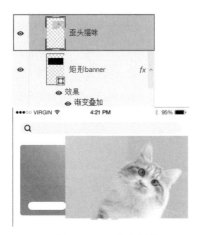

▲ 图 9-42　载入图片

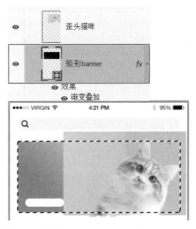

▲ 图 9-43　创建选区

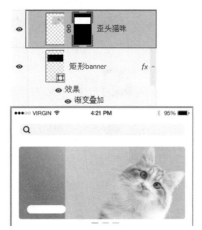

▲ 图 9-44　创建图层蒙版

▲ 图 9-45　擦除效果

▲ 图 9-46　页面效果

▲ 图 9-47　详情页

9.2.3 个人主页

在个人主页中既可以显示本人的相关信息,如头像、个性签名、账号等级、与其他人的互动状态等,还可以发布照片、视频等信息,供人查看。

1. 设计思路

在个人主页中,可以添加一些个性化的元素,如照片、文字描述等。如在本例的个人主页中,以猫咪的照片作为背景,添加渐变的效果,富有趣味。此外,按钮的形状与颜色要与其他页面保持一致。体例制作流程如图 9-48 所示。

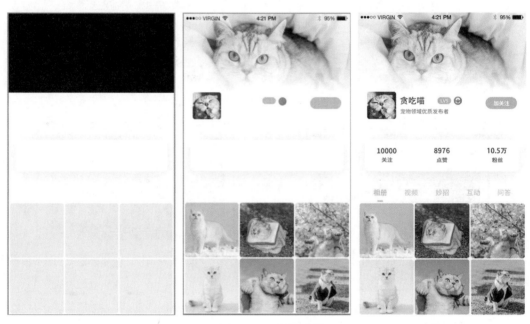

▲ 图 9-48 制作流程

2. 制作步骤

① 复制一份在 9.2.2 节中制作的"详情页 .psd"文件,在此基础上制作个人主页。把多余的图层删除,保留状态栏。

② 将鼠标指针置于标尺之上,待指针显示为 🔓 形状时,按住鼠标左键不放,向绘图区拖动鼠标,即可创建参考线,如图 9-49 所示。

③ 选择"矩形工具"🔲,选择"形状",在"属性"面板中设置"形状宽度"为 750 像素,"形状高度"为 350 像素,圆角半径为 0 像素,填充黑色(#000000),绘制矩形,如图 9-50 所示。

④ 重复选择"矩形工具"🔲,选择"形状",在"属性"面板中更改"形状宽度"为 690 像素,"形状高度"为 140 像素,圆角半径为 20 像素,填充黑色(#000000),绘制矩形,如图 9-51 所示。

▲ 图 9-49 创建参考线

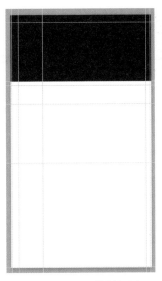
▲ 图 9-50 绘制矩形

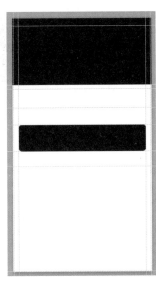
▲ 图 9-51 绘制圆角矩形

❺ 设置图层样式参数。双击矩形图层，打开"图层样式"对话框。选择"投影"选项，设置样式参数，为矩形添加投影效果，然后在"属性"面板中将矩形的填充颜色更改为白色（#ffffff），如图 9-52 所示。

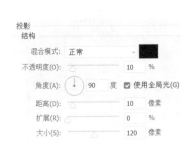

▲ 图 9-52 为矩形添加投影效果

> 提示 在绘制圆角矩形时，为了方便在白色的背景上观察，为矩形填充黑色。添加投影后，再为矩形填充白色，此时能清晰地观察创建效果。

❻ 选择"矩形工具" ▭，选择"形状"，在"属性"面板中设置"形状宽度"为 242 像素，"形状高度"为 242 像素，圆角半径为 10 像素，填充浅灰色（#eaeaea），绘制矩形，如图 9-53 所示。

❼ 载入背景图片。执行"文件"|"打开"命令，定位至配套资源中的"第 9 章\9.2.3 个人主页"文件夹，打开猫咪图片，并放置在"矩形背景"图层的上方，如图 9-54 所示。

▲ 图 9-53　绘制矩形　　　　　　　　　　　▲ 图 9-54　载入图片

⑧ 选中"矩形背景"图层，按住 Ctrl 键后用鼠标左键单击图层创建选区，如图 9-55 所示。

⑨ 选中"猫咪背景"图层，在"图层"面板下方单击"添加图层蒙版"按钮█，隐藏图片的多余部分，效果如图 9-56 所示。

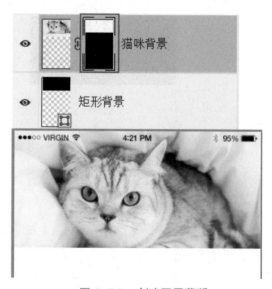

▲ 图 9-55　创建选区　　　　　　　　　　　▲ 图 9-56　创建图层蒙版

⑩ 选中"矩形背景"图层，按 Ctrl+J 组合键，创建拷贝图层，并将拷贝图层移动至"猫咪背景"图层的上方，在"属性"面板中更改矩形的填充颜色为白色（# ffffff）。

⑪ 将前景色改为黑色，背景色改为白色。在"图层"面板下方单击"添加图层蒙版"按钮█，为"矩形背景拷贝"图层添加图层蒙版。

⑫ 单击"渐变工具"按钮█，选择"线性渐变"█，将鼠标指针放置在画布的上方，从上往下拖曳鼠标创建渐变效果，如图 9-57 所示。

⑬ 在 9.2.1 节中介绍了创建头像的方法，在此不再赘述。通过创建参考线，确定头像的位置，效果如图 9-58 所示。

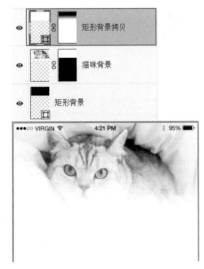

▲ 图 9-57　创建渐变效果　　　　　　　　　▲ 图 9-58　绘制头像

⑭　选择"矩形工具" □，选择"形状"，在"属性"面板中设置"形状宽度"为 60 像素，"形状高度"为 30 像素，圆角半径为 14.5 像素，填充黄色（#f7b401），绘制矩形。

⑮　再次选择"矩形工具" □，选择"形状"，在"属性"面板中更改"形状宽度"为 140 像素，"形状高度"为 52 像素，圆角半径为 25.5 像素，填充黄色（#f7b401），绘制矩形，如图 9-59 所示。

⑯　选择"椭圆工具" ○，选择"形状"，在"属性"面板中设置"形状宽度"为 36 像素，"形状高度"为 36 像素，填充红色（#fc506b），绘制圆形，如图 9-60 所示。

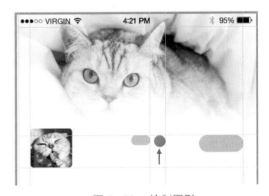

▲ 图 9-59　绘制矩形　　　　　　　　　　▲ 图 9-60　绘制圆形

⑰　载入图片。执行"文件"|"打开"命令，定位至配套资源中的"第 9 章 \9.2.3 个人主页"文件夹，打开站立猫咪图片，并放置在"矩形 1"图层的上方。

⑱　按住 Ctrl 键，单击"矩形 1"图层，创建选区，如图 9-61 所示。

⑲　选择"站立猫咪"图层，在"图层"面板下方单击"添加图层蒙版"按钮 ▣，隐藏图片的多余部分，如图 9-62 所示。

⑳　重复上述操作，继续载入图片，并通过创建图层蒙版，隐藏图片的多余部分，效果如图 9-63 所示。

㉑　选择"横排文字工具" T，在页面中输入说明文字，个人主页的绘制效果如图 9-64 所示。

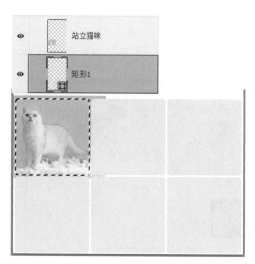

▲ 图 9-61　创建选区

▲ 图 9-62　添加图层蒙版

▲ 图 9-63　创建效果

▲ 图 9-64　个人主页

9.3 设计师心得

9.3.1　界面设计中需要注意的细节

"细节决定成败"，这句话我们经常听到，在界面设计中，细节也同样会影响用户的体验感受。下面就来看一看有哪些细节会如此有影响力，应该怎么处理才能恰到好处。

- 文案：首先第一个需要注意的就是界面中的文案内容，虽然这一点与界面设计没有什么直接的联系，也不是直接的界面设计元素，但是文案的严谨性和完整性都会给整个 APP 的设计加分。

- 界面统一性：在设计的过程中，要时刻注意界面的统一性，无论设计到哪一阶段，都要仔细检查界面元素、颜色、文字阴影和图标的阴影等是否一致，所有窗口按钮的位置是否一致，标签和信息是否一致，颜色方案是否一致，当出现不一致的时候，要及时修改，以防忘记，如图 9-65 所示。

▲ 图 9-65　CNZZ 界面设计

- 像素精准化：虽然 APP 界面与 PC 端界面相比，在尺寸上相差比较大，但是仍然要注意界面中各个按钮、图标的边缘以及其他元素放大后各个边缘是否会出现垂直或者水平方向的虚化。

- 界面齐整化：这个细节和上一细节有一个共同点，就是需要对界面元素进行放大，看清楚元素的大小是否一致。对于多个相同或者应处于同一位置等的对象，不能只靠肉眼去对齐，这样只是能保证界面的各个元素在视觉上是对齐的，但是如果想做到完全对齐，需要借助网格和辅助线等。

- 整体配色：颜色的搭配是能带给用户第一视觉感受的，所以在最初为设计对象进行配色的分析中，就应该把握大致的配色方案，要谨慎地使用高饱和度的颜色。一般来说，能带给用户舒适感觉的配色都算得上是好的配色。

- 适当地留白：对于移动端 APP，鉴于对象的特殊性，需要在有限的空间内表达出精准简洁的内容。所以，适当留白能够让用户更快捷地使用，在视觉上也能让用户心情不那么堵塞，如图 9-66 所示。

▲ 图 9-66　Nike 界面设计

9.3.2　设计者需要遵守哪些设计准则

设计者无论做哪一方面的设计，都要在遵守其设计准则的基础上添加自己的创意，这样才能保证设计者的设计具有更强的实用性以及吸引力，同时在市场的激烈竞争中脱颖而出。那么，作为 APP 的 UI 设计，设计者又要遵守哪些设计准则呢？下面将一一列举。

- 屏幕尺寸合适：在创建屏幕布局的时候，设计者一定要选择适配设备的屏幕大小。具体体现于用户在体验的时候，应该一次就能看清主要内容，而无须缩放或者水平滚动来寻找想要看到的内容，如图 9-67 和图 9-68 所示。

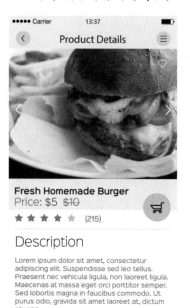

▲ 图 9-67　屏幕尺寸适配

▲ 图 9-68　屏幕尺寸不适配

- 可触控控件大小合适：在设计可触控的控件时，尺寸不能小于 44px×44px，只有这样才能确保用户在使用时触摸的命中率，如图 9-69 和图 9-70 所示。

▲ 图 9-69　可触控控件大小合适　　　　　　▲ 图 9-70　可触控控件大小不合适

- 文字尺寸大小要合适：进行 APP UI 设计，设计者一般要把握界面中的文字不得小于 11 点，这样用户在观看界面的时候才能在正常距离下不需要缩放画面就能清楚地看到文字所传递的信息，如图 9-71 和图 9-72 所示。

▲ 图 9-71　文字尺寸大小合适　　　　　　　▲ 图 9-72　文字尺寸大小不合适

- 使用高像素的图片：在界面设计中，都会使用一些在网络或者书籍中收集到的相关的图片作为界面中的图片元素，所以在收集的过程中一定要注意，好看合适的图片固然重要，但是一定不能忽视它的像素大小，这样在一些高分辨率的屏幕上才能够得以清晰地展示，如图 9-73 和图 9-74 所示。
- 避免图片拉伸：作为界面中的图片，要时刻注意检查界面中的图片在进行缩放的时候是否是等比例缩放，在调整其他图层的时候是否也一不小心将图片进行了移动和缩放。如果自己在做设计的过程中，有喜欢编组的习惯，一定要注意，移动时，界面中不需要移动的图层是否也会跟着移动，如图 9-75 和图 9-76 所示。

▲ 图 9-73　高像素图片

▲ 图 9-74　低像素图片

▲ 图 9-75　等比例缩放

▲ 图 9-76　图片变形